SUZUKI
スズキ Vストローム250 カスタム＆メンテナンス
V-Strom 250
CUSTOM & MAINTENANCE

STUDIO TAC CREATIVE

CONTENTS 目次

- 4 未知なる流れの先に

12 Vストローム250 2024モデルチェック
- 26 Vストローム250 2024モデルカラーバリエーション
- 27 Vストローム250 純正アクセサリーカタログ
- 30 Vストローム250 インプレッション

32 Vストローム250SX モデルチェック
- 46 Vストローム250SX インプレッション
- 48 Vストロームの歴史

60 Vストローム250 ベーシックメンテナンス
- 61 メンテナンスポイント
- 62 タイヤの点検
- 63 ブレーキの点検
- 64 エンジンオイルの点検
- 65 冷却水の点検・補充
- 67 ドライブチェーンの点検と調整
- 69 灯火類のバルブ交換
- 72 スロットルケーブルの調整
- 73 クラッチの調整
- 74 バッテリー ヒューズの点検と交換
- 76 エアクリーナードレンチューブの清掃

78 Vストローム250 カスタムメイキング
- 82 LEDウインカーとLEDフォグランプの取り付け
- 91 エンジンガードの取り付け
- 94 バッグサポートの取り付け
- 95 スクリーンの交換
- 97 ヘルメットロックの取り付け

- 98 排気系変更で走りをグレードアップ
- 106 必見！ローダウンアイテム
- 108 イベントリポート ① Vストロームミーティング2023
- 112 イベントリポート ② KOOD ライディングスクール
- 116 読者プレゼント
- 117 Vストローム250/SXカスタムパーツカタログ

表紙撮影＝佐久間則夫

V-Strom 250
未知なる流れの先に

時の流れ、風の流れ、水の流れ。そういった留まることを知らない流れに人は畏れを抱くが、その流れの先には未知なるものが待ち、希望をもたらしてくれる。今日も愛馬にまたがり、予想し得ぬ流れのその先へと進んでいこう。

写真＝柴田雅人　*Photographed by Masato Shibata*

静かに、しかし強く
己の存在を主張する

Versatile=万能・多目的、Strom=流れ。そんなミーニングを持つバイク、Vストローム250。その姿を見つめていると、何にでも使え、どこまでも行ける気がする万能感を覚えてくる。

存在感に溢れ、しかし軽量な車体を引き起こしまたがると、Vストロームは自然と身体にフィットしてくる。その心臓に火を入れ走り出せば、右手に忠実に前へ前へと加速していく。そこに怖さは一切なく、春の微風のように、静かな集落の小川のように、人馬はたおやかに流れる。その流れは、環境に変化があろうとしなやかに対応し、何事もなかったかのように進んでいく。この自然さ、包容力の高さが乗る喜びを、旅に出る意欲を湧き起こしてくれる。目的地は、今日もまた流れに任せて決めずにおこう。

V-Strom 250
未知なる流れの先に

どんな場面にも自然と
溶け込んでいく

　気がつけば、どれくらいの距離を走ったのだろう？ 身体の疲れは想像より少なく、燃料計の表示はなかなか変化しない。メーターを操作しトリップメーターを確認すると、予想を遥かに超える数字が表示されていた。

　ただそれに驚かされるのは、何回も経験してきた自分にとっては過去の反応といっていい。しかし遠く離れた地で走ること、見慣れぬ土地に溶け込んでいるVストロームを楽しめる気持ちは、何度味わっても新鮮さを失うことがない。絶妙なパワーと車体は、バイクで走ることのネガを感じさせることがないのに、ポジティブな面は信じられないほど増強してくれる。

　その優しさはアドベンチャーとは言えないだろうが、そんな冒険がたまらなく好きなのだ。

V-Strom 250
未知なる流れの先に

V-Strom 250
未知なる流れの先に

流れは変化していっても その本質は変わらない

　流れというのは、時に分岐し新たな姿を見せることがある。シングルエンジンのVストローム250SXは、そんな新たな姿の象徴と言えるだろう。スリムさに磨きがかかった車体にまたがり走り出せば、一族共通のスピリットを感じさせられながらも、このバイクでないと見えてこない景色を見せてくれる。

　険しい道をよりしなやかに走り抜けつつ、曲がりくねった舗装路も軽やかに進んでいく。もっと先へ、もっと遠くへ。優しく、しかし強くライダーに訴えかけてくる。その声に抗うことなくアクセルを開け、身体を傾け絶え間ない「流れ」を作っていくと、見たことのない世界が眼前に広がる。

　またバイクに誘われるまま、はるか遠くに来てしまった。まだ道半ば、普通であれば心と体に重さを感じる場面だが、Vストロームとならそれは羽根のように軽い。給油のリミットもまだまだ先というのも、これを後押ししてくれている。

　非日常の旅の世界から徐々に日常へと戻っていく。膨大な車の群れに囲まれても、Vストロームは優しさを保っている。心身、そして財布にも優しいこの相棒とならば、流れは止まることなく進んでいくことだろう。そう、なんでもできる万能感を伴ったままに。

V-Strom 250

Vストローム250 2024モデルチェック

2017年にスポーツアドベンチャーツアラーとして登場したVストローム250。登場から7年が経過した今も高い人気を保つこのバイクの2024年モデルを詳細にチェックしていきたい。

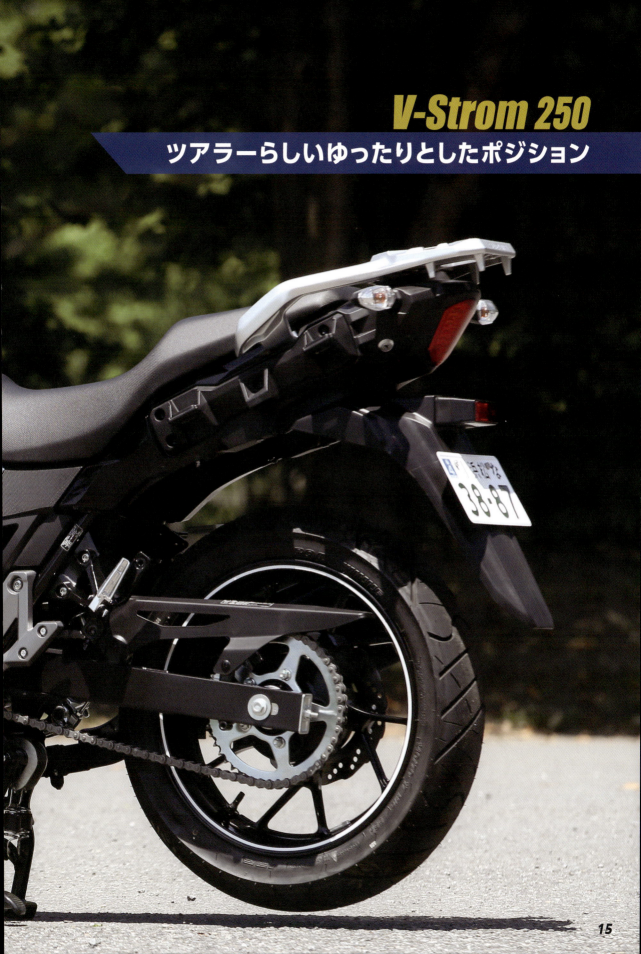

V-Strom 250
ツアラーらしいゆったりとしたポジション

V-Strom 250
独特なフロントカウルが視線を集める

V-Strom 250
尻上がりのスタイルが軽快さを醸し出す

V-Strom 250
丸目ライトが強烈な個性を生む

スリムさが分かるリアビュー

21

V-Strom 250
クォーターアドベンチャーの代表車種

2017年6月30日、1000と650が展開されていたスポーツアドベンチャーツアラー、Vストロームシリーズに新モデルとして追加されたのがVストローム250だ。ベースとなったのはGSR250でエンジンや基本骨格など多くの部品が転用されているが、シリーズに共通した外装によりイメージを一新。さらにツアラーらしい多機能メーター、大容量燃料タンク、サイドケース用アタッチメント等を装備することで機能性を大きくアップし別物に生まれ変わっている。アドベンチャーらしい堂々としたスタイリングでありながらシート高は800mmとライバルより低く設定することで、足つき性からくる不安を排除。

今となっては珍しいロングストロークエンジンの扱いやすさと相まって、普段使いからロングツーリングまで幅広く使えるバイクを実現し、一躍人気モデルとなった。

そんなVストローム250は2019年にはABS付きモデルを追加し（ABS無し仕様は2020年モデルまで）、2023年には平成32年（令和2年）排気ガス規制に対応するなど変化を遂げてきた。最新モデルである2024年モデルはカラーリングはそのままにモデルコードがDL250RLJM3からDL250RLJM4へと変更された。ロングセラーだけに今後の動向が気になるが、今なおその魅力は色褪せていない。

SPECIFICATION

		V-Strom 250
型式		8BK-DS12E
全長 ／ 全幅 ／ 全高		2,150mm ／ 880mm ／ 1,295mm
軸間距離		1,425mm
最低地上高		160mm
シート高		800mm
装備重量		191kg
燃料消費率	国土交通省届出値：定地燃費値 (km/h)	38.9km/L（60km/h）2名乗車時
	WMTC モード値	32.1km/L（クラス 2、サブクラス 2-2）1名乗車時
最小回転半径		2.7m
エンジン型式		J517
エンジン種類 ／ 弁方式		水冷 4サイクル 2気筒 ／ SOHC 2バルブ
総排気量		248cm^3
内径×行程		53.5mm × 55.2mm
圧縮比		11.5
最高出力		18kW〈24PS〉/ 8,000rpm
最大トルク		22N·m〈2.2kgf·m〉/ 6,500rpm
燃料供給装置		フューエルインジェクションシステム
始動方式		セルフ式
点火方式		フルトランジスタ式
潤滑方式		圧送式ウェットサンプ
潤滑油容量		2.4L
燃料タンク容量		17L
クラッチ形式		湿式多板コイルスプリング
変速機形式		常時噛合式 6段リターン
変速比	1速	2.416
	2速	1.529
	3速	1.181
	4速	1.043
	5速	0.909
	6速	0.807
減速比 (1次 ／ 2次)		3.238 ／ 3.357
フレーム形式		セミダブルクレードル
キャスター ／ トレール		25° 10' ／ 100mm
ブレーキ形式	前	油圧式シングルディスク [ABS]
	後	油圧式シングルディスク [ABS]
タイヤサイズ	前	110 /80-17M / C 57H
	後	140 /70-17M / C 66H
舵取り角左右		36°
乗車定員		2名
メーカー希望小売価格 (消費税込み)		668,800円

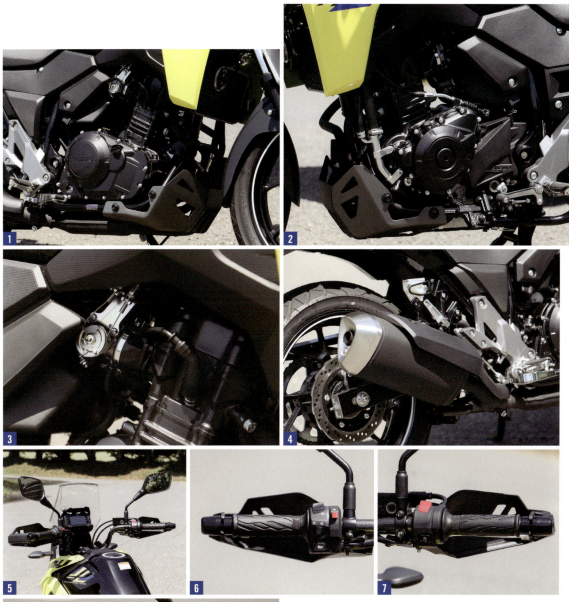

1.2. ボアΦ53.5mm、ストローク55.2mmというロングストローク設定とされたエンジンはGSR250がベース。SOHC2バルブながら低フリクションなローラーロッカーアームを採用するなどスズキらしい思想が詰まったエンジンだ。2023年には排気ガス規制対応とともにフリクションロスの低減と燃焼効率向上が行なわれ、通常、規制対応で低下するトルクとピーク出力を維持しつつ、従来型より5,000回転付近のトルクを向上させている　**3.** 吸気システムはフューエルインジェクション。2023年モデルよりスロットルボディ径が2mm拡大された　**4.** スタイリッシュな三角断面のマフラー。2023年モデルで新設計されたエキゾーストパイプはサイズや長さ、取り回しが変わり触媒も追加されている　**5.** アップライトなハンドル。全幅880mmと同クラスのライバルより幅が狭く設定されている　**6.** 上からヘッドライトの位置を変えるディマスイッチ、ハザードスイッチ、ターンシグナルスイッチ、ホーンスイッチの他、前面にパッシングスイッチを備える左スイッチボックス　**7.** 右スイッチボックスにはエンジンストップスイッチとスタータスイッチを装備　**8.** アドベンチャーバイクらしく、ハンドガードを標準で装着している。これはカラーリングに関わらずブラックカラーとなっている

23

1. スピード、エンジン回転数の他、時計、ギアポジション、オドメーター、トリップメーター、平均燃費、電圧、残燃料と豊富な情報が表示できる液晶メーター。旅の相棒として不足なしだ　2. メーターパネルの左側にはアクセサリーソケットがあり、シガーソケット取り付けタイプのアクセサリーが取り付けられる。定格は12V36W　3. インナーチューブ径Φ37mmのフロントフォークはVストローム250専用セッティングとされる。GSR250に比べキャスターが立てられトレールも減らすことで運動性重視にしている。ホイールは兄弟車と言えるGSX250Rと同じY字スポークの17インチで、タイヤサイズは110/80-17　4. フロントブレーキもGSX250Rと同じペタルディスク＋片押し2ポッドキャリパーの組み合わせ　5. シリーズ唯一丸目ヘッドライトを採用。スクリーンは小型ながら風防効果は充分　6. 燃料タンクは17Lの大容量でクラス最大級。良好な燃費と相まって驚異的な航続距離を実現している　7. 専用設計の右ステップ。形状はオンロード的だ

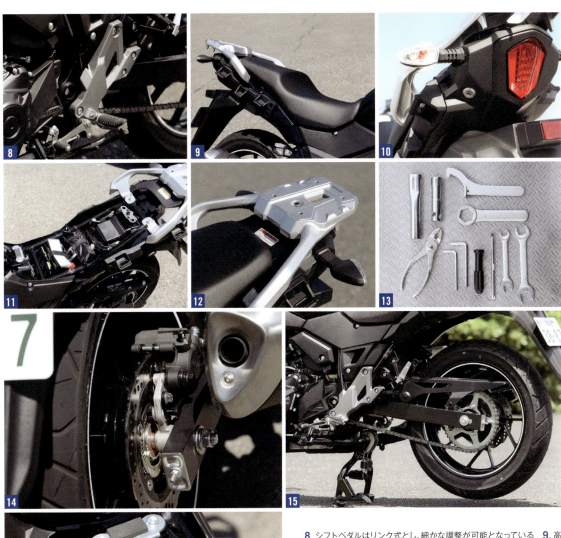

8. シフトペダルはリンク式とし、細かな調整が可能となっている **9.** 高さ800mmのシートはサイドが落とされた形状で、足つき性はこのジャンルとしては良好 **10.** 黒いテールカウルにマウントされた印象的な形状のテールランプは面発光LEDを採用している。その左にはシートロック解除用の鍵穴が配置される **11.** シート下にはフックタイプのヘルメットホルダーが2つある。シート高が低いこともあって、収納用のスペースはほぼ存在しないと言っていいだろう **12.** アルミキャスト製のリアキャリア。純正アクセサリーのトップケースマウントを取り付けるための穴が開けられている **13.** 車載工具は近年珍しいプラグレンチまで含まれるなど充実した内容だ **14.** リアもペタルディスクを使った油圧式ブレーキ。キャリパーは片押し1ポットだ **15.** スポーティなY字スポークデザインのキャストホイールは4.0-17サイズ。タイヤは140/70サイズとなる **16.** リンク無しで取り付けられる専用設計のリアショックは、スプリングのイニシャルプリロードが7段階で調整できる

V-Strom 250

25

V-Strom 250
2024モデル カラーバリエーション

2024年モデルのVストローム250には、4つのカラーバリエーションが設定されている。どれも魅力的なのでここで紹介しておこう。

ダイヤモンドレッドメタリック/パールネブラーブラック

ハイテックシルバーメタリック/パールネブラーブラック

ソリッドダズリンクールイエロー/パールネブラーブラック

　2024年モデルのカラーは、排気ガス規制対応と共に新しいグラフィックをまとって登場した2023年モデルと同一となっている。その2023年モデルは、それまでブラックにシルバーのSマークのみだったサイドカウルをライト下のアッパーカウルと同色にしつつグラフィックを追加。燃料タンクをこれまでイエローのみ黒ベースだったのを全色に拡大し、アッパーカウルのV-STROMロゴを小さくしている点。それまで1カラーでのみ採用していたリムのストライプを全色で採用したのが以前のカラーパターンとの大きな違いだ。

マットフラッシュブラックメタリック/パールネブラーブラック

V-Strom 250
純正アクセサリーカタログ

ここではVストローム250用に用意されている販売店装着純正アクセサリーを紹介する。欲しい場合は、スズキ二輪販売店に問い合わせよう。

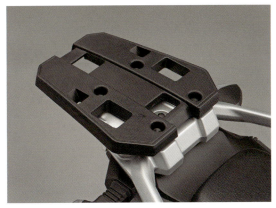

トップケースプレートセット
別売のトップケースセットを取り付ける際に必要となるプレート。樹脂製、未塗装ブラック仕上げ。納品には数ヶ月必要な場合がある
¥7,920

トップケース
容量23L、最大積載量3kgのトップケース。取り付けには別途トップケースプレートおよびスリーケースロックセットが必要だ
¥33,000

サイドケースプレートセット
右記サイドケースを取り付ける際に必要なプレートで、単独での使用はできない。鉄製、ブラック仕上げ。納品に数ヶ月要する場合がある
¥7,920

サイドケースセット
容量各20Lの樹脂製サイドケースで最大積載量は各3kg。取り付けには別途サイドケースプレートセット、スリーケースロックセットが必要となる
¥59,400

スリーケースロックセット

トップケースセット、サイドケースセットを取り付ける際に必要となる、各ケース用のロック3個とキー2個のセット

¥5,280

**ナンバープレート
ロックボルト**

ナンバープレートの盗難防止用のロックボルト、キー、L型レンチ、接着剤、ナット、ワッシャのセット

¥3,850

グリップヒーター

ノーマルグリップを取り外して使う、寒い時期に重宝するグリップヒーター。取り付けには別売接着剤を使用しよう

¥22,880

ヘルメットロック

ハンドル部分に取り付ける使い勝手を向上させるヘルメットロック。形状、大きさにより取り付けられないヘルメットがあるので注意

¥5,500

イモビアラーム（盗難抑止装置）

振動を検知し作動する警告用アラームと、点火制御機能により盗難を抑止してくれる装置。標準取付時間は1.2時間

¥14,080

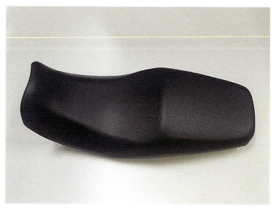

ローシート

ノーマルシートより着座面が約20mm低くなるシート。純正アクセサリーならではの高い品質が自慢だ

¥32,120

プロテクターシール
車体を傷付きから保護する透明なシール。積載用ロープが掛かる場所等、接触や摩擦による傷が懸念される箇所に貼って保護しよう

¥748

タンクパッド
傷付きやすい燃料タンク後端部を保護するパッド。カーボン調でドレスアップ効果も期待できる

¥4,180

リムストライプテープ
ホイールを彩る1台分のリムテープ。片側3枚分割となっていてカラーは赤。SUZUKIロゴ入りで貼り付け治具が付属している

¥8,030

バイクカバー シルバー（標準タイプ）
ポリエステルオックス製のバイクカバーで風飛び防止ベルト・バックル付き。Vストローム250にはXXサイズが適合する

¥8,690

バイクカバー シルバー/ブルー（標準タイプ）
ミラー部分をブルーにし前後が分かりやすくなったバイクカバー。Vストローム250に適合するXXサイズは前後にロック用ホールが付く

¥10,340

V-Strom 250 Impression
Vストローム250 インプレッション

250ccアドベンチャーツアラーとして絶大な人気を誇るVストローム250。
実際に走行し、その走行性能を解き明かしていくことにしたい。

どんな場面も自然に走り抜けられる

　まず最初の印象としてはとてもニュートラルなハンドリングだということ。バイクを傾けていくと前後バランス良く倒れていき、オンザレール的に曲がっていく。これはとても予想しやすいもので、予習無しで乗ってもすぐに馴染むことができる。ポジションそのものも自然で、今回1日で400kmほど走ったが疲れはわずか。身長175cmの筆者にとって足つき性は何ら問題なかった。

　動力性能は同クラスのツインエンジンと比べ非力と言え、高速道路をハイペースで走るには不足感はあるが、一般公道では絶妙なギア比もあって非力さを感じることはなかった。パワーカーブはフラットで一切気負うことなく走れる。ブレーキも扱いやすい上に充二分といえる制動力を持ち、不満を覚えることは全くなかった。

V-Strom 250 SX

Vストローム250SX モデルチェック

2023年、Vストロームファミリーに新たに加わったVストローム250SX。XTやDEといったバリエーションモデルではない完全別モデルとして登場したこのバイクの詳細を確認していこう。

V-Strom 250 SX
シングルらしいスリムさが際立つフォルム

V-Strom 250 SX
大径フロントホイールがOFFイメージを創出

V-Strom 250 SX
LEDヘッドライトが独自性を生む

ハンドルのワイドさが悪路で活きる

V-Strom 250 SX
未舗装路での走破性をアップさせた

　2023年8月24日に販売開始したVストローム250SX。Vストロームシリーズ2車種目の250ccモデルだが、650や800、1050では車体の基本構成を共有するバリエーションモデルであるのに対し、このモデルはVストローム250とは全く関連がない独立モデルだ。Vストローム250はGSR250をベースとした中国生産モデルであるのに対し、Vストローム250SXはジクサーをベースとしたインド生産モデルである。

　エンジンはスズキの伝統といえる軽量コンパクトな油冷システムを採用した単気筒SEPエンジンを採用。ショートストロークで吹け上がりはシャープだが、エアクリーナーケースを見直すことでジクサーから中低速トルクをアップしている。フレームもジクサーベースだがサブフレームを専用設計することでタンデムライダーの快適性と積載性を向上。足周りも19インチフロントホイールの他、120mmストロークのフロントフォーク、48mm延長した専用スイングアームを使い、最低地上高205mmを確保するなどして未舗装路の走破性を確保しつつアドベンチャーツアラーらしい快適な乗り心地を実現している。ゆったりとしたポジションで長距離も楽にこなせる共通点はあるが、車体構成からキャラクターまでSX独自の特徴があり、非常に魅力的なモデルと言える。

SPECIFICATION

		V-Strom 250 SX
型式		8BK-EL11L
全長 ／ 全幅 ／ 全高		2,180mm ／ 880mm ／ 1,355mm
軸間距離		1,440mm
最低地上高		205mm
シート高		835mm
装備重量		164kg
燃料消費率	国土交通省届出値：定地燃費値（km/h）	44.5km/L（60km/h）2名乗車時
	WMTC モード値	34.5km/L（クラス 2、サブクラス 3-1）1名乗車時
最小回転半径		2.9m
エンジン型式		EJA1
エンジン種類 ／ 弁方式		油冷4サイクル単気筒 ／ SOHC 4バルブ
総排気量		249cm^3
内径×行程		76.0mm × 54.9mm
圧縮比		10.7
最高出力		19kW〈26PS〉/ 9,300rpm
最大トルク		22N·m〈2.2kgf·m〉/ 7,300rpm
燃料供給装置		フューエルインジェクションシステム
始動方式		セルフ式
点火方式		フルトランジスタ式
潤滑方式		圧送式ウェットサンプ
潤滑油容量		1.8L
燃料タンク容量		12L
クラッチ形式		湿式多板コイルスプリング
変速機形式		常時噛合式 6段リターン
変速比	1速	2.500
	2速	1.687
	3速	1.315
	4速	1.111
	5速	0.954
	6速	0.826
減速比（1次 ／ 2次）		3.086 ／ 3.076
フレーム形式		ダイヤモンド
キャスター ／ トレール		27°00' ／ 97mm
ブレーキ形式	前	油圧式シングルディスク [ABS]
	後	油圧式シングルディスク [ABS]
タイヤサイズ	前	100 /90 -19M / C 57S
	後	140 /70 -17M / C 66S
舵取り角左右		35°
乗車定員		2名
メーカー希望小売価格（消費税込み）		569,800円

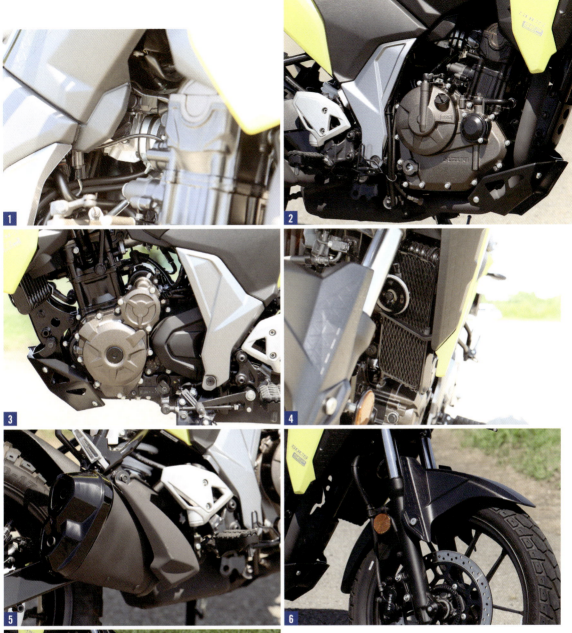

1. センサーで吸気圧や吸気温などのデータを監視・記録し走行条件に合わせて理想的な量の燃料を供給するエレクトリックフューエルインジェクションシステムを採用 **2.3.** 優れた燃費性能と高い性能を高次元でバランスさせたSEP（Suzuki Eco Performance）エンジン。SOHC4バルブ単気筒構成で、低回転で粘りのあるトルクを発揮しつつ中高回転域では気持ちよく加速する **4.** エンジンの燃焼室周りに設けた通路にオイルを通すことで冷却する油冷を採用しているため、オイルクーラーをエンジン左に装備。渋滞時でも放熱できるよう電動冷却ファンを備えている **5.** デュアルエンドとしたコンパクトなマフラー。低中速域の力強さと共に心地よいサウンドを実現している **6.** 正立タイプを採用したフロントフォーク。キャスター角はジクサーの24°20'から27°00'と改められている **7.** 10本スポークの19インチホイールに100/90-19サイズのセミブロック調タイヤを装着。未舗装路での良好なグリップと軽快なハンドリングを提供している

V-Strom 250 SX

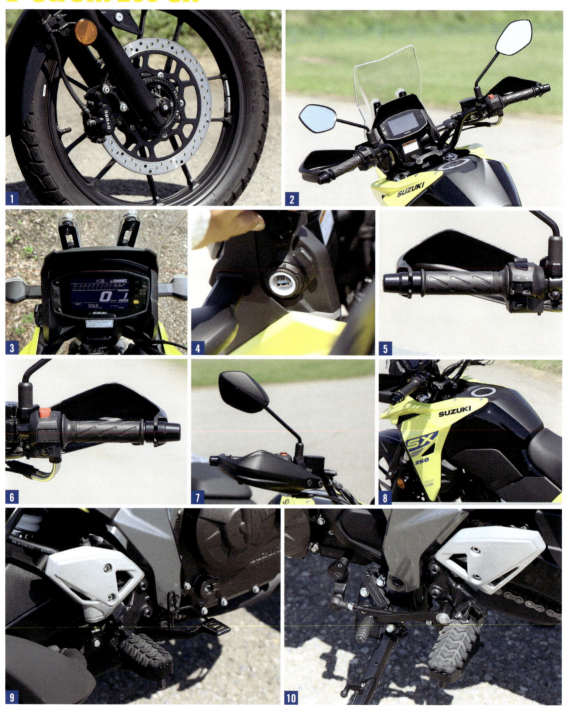

1. フロントブレーキはABS付きで直径310mmの大径ディスクを使用する。組み合わされるブレーキキャリパーはBYBRE製片押し2ポッド 2. 立ち上がりが大きいのはVストローム250と共通だが幅はより広いものとしたハンドル 3. フル液晶ディスプレイはスピード、エンジン回転数、ギアポジション、時計、燃料計、オドメーター、トリップメーター、平均燃費、瞬間燃費等を表示できる 4. インスツルメントパネル左に定格5V2AのUSBソケットを装備 5. パッシングスイッチ、ディマスイッチ、ターンシグナルスイッチ、ホーンスイッチが配置された左ハンドルスイッチ 6. 右ハンドルスイッチにはエンジンストップスイッチとスタータスイッチがある。スズキイージースタートシステムにより、クラッチレバーを握った状態でスタータスイッチを押すと、スイッチから手を放してもエンジンが掛かるか数秒経過するまでスタータモーターが回り続ける仕様となっている 7. アドベンチャーツアラーイメージを高めるナックルカバーを標準装備 8. タンク容量は12L 9.10. 滑り止めの爪が付いたオフロード車ライクな鉄製ステップは振動を低減する脱着可能なラバーが取り付けられている

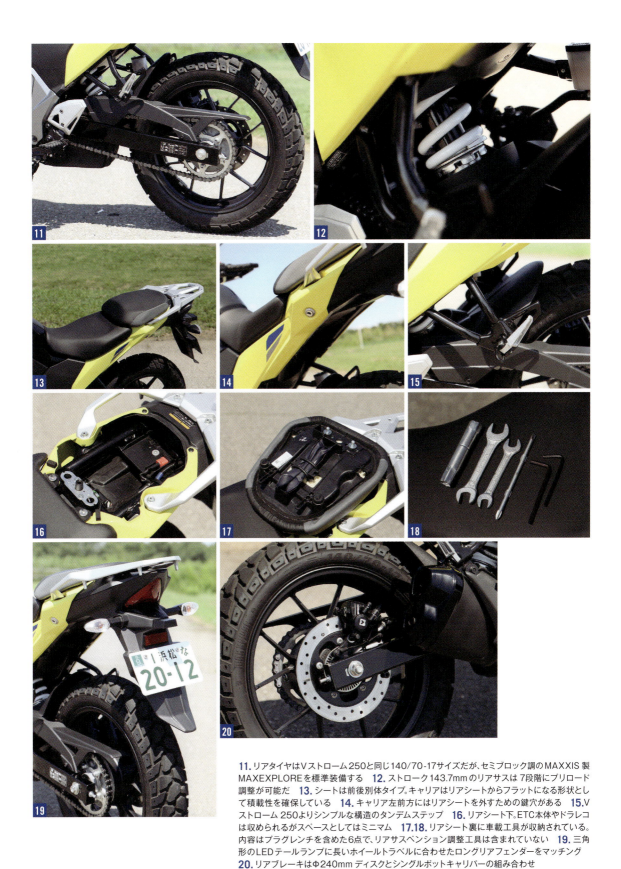

11. リアタイヤはVストローム250と同じ140/70-17サイズだが、セミブロック調のMAXXIS製MAXEXPLOREを標準装備する **12.** ストローク143.7mmのリアサスは7段階にプリロード調整が可能だ **13.** シートは前後別体タイプ。キャリアはリアシートからフラットになる形状として積載性を確保している **14.** キャリア左前方にはリアシートを外すための鍵穴がある **15.** Vストローム250よりシンプルな構造のタンデムステップ **16.** リアシート下。ETC本体やドラレコは収められるがスペースとしてはミニマム **17.18.** リアシート裏に車載工具が収納されている。内容はプラグレンチを含めた6点で、リアサスペンション調整工具は含まれていない **19.** 三角形のLEDテールランプに長いホイールトラベルに合わせたロングリアフェンダーをマッチング **20.** リアブレーキはΦ240mmディスクとシングルポットキャリパーの組み合わせ

V-Strom 250SX Impression
Vストローム250SX インプレッション

2023年登場したVストローム250SX。同じ名を冠するVストローム250とどのように異なるのか、走行インプレッションで明らかにしたい。

軽快さがあらゆる場面で際立っている

　よりオフロード車ライクの車体構成となる250SX。スリムなシートは高さがあり、Vストローム250に比べやや足つき性に不安を覚えるが、30kg近く軽いため取り回しに苦労させられることはない。この軽さは走りにも効いており、エンジンの出力差1kw以上に余裕を感じさせる。ポジションは自然で、エンジンの出力特性は同じくフラットで扱いやすく、長距離走行時の疲労は少ない。

　ハンドリングもオフロード車的で少々慣れが要るが、コツを掴めばスポーティかつ思いのままにコーナーを曲がることができ、Uターンも楽にこなせた。ブレーキは効き、操作性ともに文句なし。2車のキャラクターは思ったより異なるので、迷っているならぜひ試乗、少なくとも跨って比較してみることをおすすめする。

V-Strom History Vストロームの歴史

2002年に発売された海外モデル、Vストローム1000ABSが源流となるVストロームシリーズ。その歴史を国内モデルとしての視点で振り返っていく。

2012

Vストロームシリーズ初の国内モデルであるVストローム650ABSは2012年11月に発表、翌年1月8日に発売された。快適アドベンチャーツアラーがコンセプトで先行モデル1000に通じる二眼ヘッドライトが特徴。エンジンは645ccVツインだ。

Vストローム650 ABS

パールグレッシャーホワイト

サンダーグレーメタリック

パールビガーブルー

2014

単眼ライト＋くちばしのようなカウルというシリーズ共通のスタイルを確立した2代目Vストローム1000ABSが6月4日発売となった。また10月10日には新デザインフロントカウルとスポークホイールを採用した650XTが新発売されている。

Vストローム1000 ABS

キャンディダーリングレッド

グラススパークル
ブラック

パールグレッシャー
ホワイト

Vストローム650XT ABS

トリトンブルーメタリック

パールブレーシングホワイト

マットフィブロイングレーメタリック

2017

2017年モデルでは全車フルモデルチェンジを実行。650/650XTは1000と同様のデザインとなりトラクションコントロールも採用した。一方1000はモーショントラック・ブレーキシステムを新採用し、スポークホイールのXTが追加されている。また末弟としてVストローム250が7月6日に発売された。同車は2019年にABS付きモデル、Vストローム250ABSが追加設定されている。

Vストローム1000 ABS

グラススパークル
ブラック

チャンピオン
イエローNo.2

パールグレッシャー
ホワイト

Vストローム1000XT ABS

チャンピオンイエローNo.2　　　　　グラススパークルブラック　　　　　パールグレッシャーホワイト

Vストローム650 ABS

チャンピオンイエローNo.2　　　　　グラススパークルブラック　　　　　パールグレッシャーホワイト

Vストローム650XT ABS

チャンピオンイエローNo.2　　　　　グラススパークルブラック　　　　　パールグレッシャーホワイト

Vストローム250

パールネブラーブラック/
ソリッドダズリンクール
イエロー

ダイヤモンドレッド
メタリック/
パールネブラー
ブラック

パールネブラー
ブラック

2018

全モデルフルモデルチェンジに新機種投入と大きな動きがあった2017年に対し、2018年は1000、1000XT、650XTのカラーチェンジのみが実行された。いずれも3つのカラーバリエーションで、3機種とも同じデザインとされている。

Vストローム1000 ABS

チャンピオン
イエローNo.2

オールトグレー
メタリックNo.3

パールグレッシャー
ホワイト

Vストローム1000XT ABS

チャンピオンイエローNo.2

オールトグレーメタリックNo.3

パールグレッシャーホワイト

Vストローム650XT ABS

チャンピオンイエローNo.2

グラススパークルブラック

パールグレッシャーホワイト

2020

これまでのトップモデル、1000に代わりVストローム1050が登場。The Master of Advenrureが開発コンセプトで、1,036ccエンジンは78kWを発揮。デザインはスズキ初のアドベンチャーバイク、DR750Sをモチーフにしており、スポークモデルのXTも同時発売された。また650には新カラーが設定されている。

Vストローム1050

グラススパークルブラック/ブリリアントホワイト

グラススパークルブラック

グラススパークルブラック/ソリッドアイアングレー

Vストローム1050XT

ブリリアントホワイト/グラスブレイズオレンジ

チャンピオンイエローNo.2

グラススパークルブラック

Vストローム650 ABS

パールグレッシャーホワイト　　グラススパークルブラック　　ソリッドアイアングレー

Vストローム650XT ABS

チャンピオンイエローNo.2　　パールビガーブルー　　グラススパークルブラック

2021

2021年は1050シリーズ、650シリーズでカラー変更がされた。いわゆる無印は2カラー、XTは4カラーと違いが持たされていた。

Vストローム1050

グラススパークルブラック/
キャンディダーリングレッド　　グラススパークルブラック

Vストローム1050XT

ブリリアントホワイト/
グラスブレイズ
オレンジ　　チャンピオンイエローNo.2/
グラススパークルブラック

グラススパークル
ブラック

オールトグレー
メタリックNo.3/
グラススパークル
ブラック

Vストローム650 ABS

ブリリアントホワイト

グラススパークル
ブラック

Vストローム650XT ABS

チャンピオン
イエローNo.2

グラススパークル
ブラック/
キャンディ
ダーリングレッド

オールトグレー
メタリックNo.3

ブリリアントホワイト

2022

3月10日に発表された650および650XTの2022モデルはカラー変更のみが実行された。今回は全面変更ではなく、半数を継続としつつ半数を入れ替えたのが特徴だ。

Vストローム650 ABS

ブリリアントホワイト

グラススパークルブラック

Vストローム650XT ABS

チャンピオンイエローNo.2

ブリリアントホワイト

パールビガーブルー/マットソードシルバーメタリック

グラススパークルブラック

2023

1050は双方向クイックシフト採用といった変更が加えられ、フロント21インチホイールを採油したDEをXTに代えて新設定。また776cc並列ツインエンジンの800と800DE、249cc単気筒エンジンの250SXが新発売された。また250では平成32年(令和2年)排気ガス規制に対応させる変更がなされ形式名が8BK-DS12Eとなった。

Vストローム1050

キャンディダーリングレッド/マットブラックメタリックNo.2

リフレクティブ
ブルーメタリック/
マットブラック
メタリックNo.2

グラススパークル
ブラック/
マットブラック
メタリックNo.2

Vストローム1050DE

チャンピオン
イエローNo.2/
マットソード
シルバーメタリック

ブリリアント
ホワイト/
パールビガー
ブルー

Vストローム800

メタリックマットスティールグリーンメタリック

パールビガーブルー

グラススパークルブラック

Vストローム800DE

チャンピオンイエローNo.2

グラスマットメカニカルグレー

グラススパークルブラック

Vストローム250

ソリッドダズリン
クールイエロー/
パールネブラー
ブラック

ダイヤモンドレッド
メタリック/
パールネブラー
ブラック

ハイテックシルバー
メタリック/
パールネブラー
ブラック

マットフラッシュ
ブラックメタリック/
パールネブラー
ブラック

Vストローム250SX

チャンピオンイエローNo.2

パールブレイズ
オレンジ

グラススパークル
ブラック

57

2024

シリーズ最大といえる変化があった2023年。それと比べれば平穏な年となった本年は、800シリーズと250シリーズを除いて新カラーを投入した。ただ250に関してはモデルコードを変えた上で希望小売価格も変更されている。

Vストローム1050

グラスブレイズオレンジ／マットブラックメタリックNo.2

パールビガーブルー／マットブラックメタリックNo.2

グラススパークルブラック／マットブラックメタリックNo.2

Vストローム800DE

チャンピオンイエローNo.2

パールテックホワイト

マットスティールグリーンメタリック

Vストローム650 ABS

パールビガーブルー

グラススパークルブラック

Vストローム650XT ABS

チャンピオンイエローNo.2

ブリリアント
ホワイト/
パールビガー
ブルー

グラススパークル
ブラック

Vストローム250

ソリッドダズリン
クールイエロー/
パールネブラー
ブラック

ダイヤモンドレッド
メタリック/
パールネブラー
ブラック

ハイテックシルバー
メタリック/
パールネブラー
ブラック

マットフラッシュ
ブラックメタリック/
パールネブラー
ブラック

V-Strom250
BASIC MAINTENANCE

Vストローム250 ベーシックメンテナンス

Vストローム250を常に安全、快適に乗るためにはこまめな点検と定期的なメンテナンスが欠かせない。ここではオーナーなら心得ておきたい、基本の点検とメンテナンスを解説する。

協力=スズキワールド浦和 https://suzukiworld.jp/urawa/
撮影= 柴田雅人

適切なメンテナンスで安全に楽しく乗ろう

バイクの設計は年々進化し、以前に比べるとメンテナンスの頻度は大きく低下した部分も少なくない。一方でタイヤに代表されるように、こまめな点検が欠かせない部分もまた存在し続けている。点検が疎かになった結果メンテナンスすべき適切なタイミングを見逃してしまうと、本来の性能が発揮できないだけでなく、愛車を壊してしまったり最悪事故につながってしまう。それらを防ぎ、快適に楽しく乗り続けるために欠かせない点検とメンテナンスの方法を説明していくので、愛車の維持に役立ててほしい。

WARNING 警告

この本は、習熟者の知識や作業、技術をもとに、編集時に読者に役立つと判断した内容を記事として再構成し掲載しています。そのため、あらゆる人が作業を成功させることを保証するものではありません。よって、出版する当社、株式会社スタジオ タック クリエイティブ、および取材先各社では作業の結果や安全性を一切保証できません。また作業により、物的損害や傷害の可能性があります。その作業上において発生した物的損害や傷害について、当社では一切の責任を負いかねます。すべての作業におけるリスクは、作業を行なうご本人に負っていただくことになりますので、充分にご注意ください。

MAINTENANCE POINT メンテナンスポイント

ユーザーがチェックしておくべき主要なメンテナンスポイントを紹介する。いずれも性能・安全に直結する一方で、比較的メンテナンススパンが短い部分となっている。点検・整備手順の解説を読む前に、ぜひ頭に入れておいてほしい。

1 タイヤ
バイクの性能を発揮する上での土台となっているのがタイヤだ。摩耗や損傷、異物刺さりの有無は乗車前に毎回確認し、定期的に空気圧を点検することは安全に走行する上で非常に重要になってくる。

2 ブレーキ
ブレーキが正常に動作し確実に止まれる状態にあることは絶対条件となる。乗車前には動作が正常か毎回確認し、定期的にブレーキパッドの残量とブレーキフルードの量を点検することもマストとなる。

3 灯火類
自分の存在や行動を周囲に知らせるという安全走行において重要な役割を持つ灯火類。テールランプはLEDなので故障リスクは低いが、白熱球を使う他の灯火類を含め、乗車前に正常動作を確認しておこう。

4 チェーン
エンジンの力を後輪に伝えるチェーン。油切れしていると抵抗が増え燃費が悪化し、その寿命が短くなる。またたるみが多いとシフトフィールが悪化してしまう。定期的な点検と整備が必要なポイントだ。

5 エンジンオイル
エンジンにおいて様々な役割をしているエンジンオイル。その役割は量と質に依存しているので、定期的に量の点検をし、規定の距離または期間にて交換してあげることが重要だ。

6 冷却水
燃料の燃焼により生まれたエンジンの熱を冷やすのに使われる冷却水。規定より量が少ないと不具合が出るので、定期的に量を点検し不足していたら補充しよう。またこれも定期的な交換が必要になる。

TIRE

タイヤの点検

バイクにおける唯一の接地点であるタイヤ。走行性能の基盤でありながらちょっとしたことで状態が悪くなりかねない繊細な部品でもある。大丈夫と過信することなくこまめに点検しよう。空気圧点検は走行前、タイヤが冷えた状態で実施すること。

フロント

01 まずタイヤ全周を目視し、傷や異物、ひび割れがないかを確認する

02 タイヤが偏摩耗していないか、溝の深さが充分かを点検する。タイヤ側面の△印の延長線上にあるウエアインジケーター（右写真）が溝を分断していたらNGだ

03 空気圧を点検する。前述したが走行前、タイヤ内の空気が冷えた状態で実行すること。まずバルブからキャップを取り外す

04 指定空気圧は1名乗車時、2名乗車時ともに250kPaとなっている

CHECK

バルブを複数方向に傾け亀裂がないか点検。もしあったらショップでバルブを交換してもらおう

リア

01 リアもタイヤ全体の損傷、溝の深さを見る。ウエアインジケーターは印の位置にある

02 リアタイヤの空気圧も250kPaが規定値。点検後は必ずバルブにキャップを付けておくこと

BRAKE

ブレーキの点検

ブレーキが正常に作動することはタイヤと並んで重要な事項だ。これまたタイヤと同様、ブレーキも使うほどに消耗する部品であり、年月の経過でも劣化する。以下の点検で異常が見られたら乗るのは止め、ショップに修理を依頼しよう。

フロント

01 ブレーキレバーを握り、しっかりとしたタッチがある（一定のところで止まる）ことを確認する

02 平らな所でハンドルを真っ直ぐにし、リザーバータンクの点検窓の液面がLOWER以上かを見る

03 ブレーキパッドの残量を点検する。点検は片減りしていることがあるため、写真のようにブレーキキャリパーの後ろ下等から目視する

04 ブレーキディスクに接するパッドの側面には摩耗限度溝がある。この溝まで減っていたら交換だ

リア

01 ブレーキペダルを押し、固いタッチを伴いながら一定位置で止まれば正常だ

02 右ステップ部にあるリザーバータンク内のブレーキフルードがLOWERより上かを点検する

03 ブレーキパッド残量は真後ろから点検。フロントも同様だが左右で減り具合が均等かも点検する

ENGINE OIL

エンジンオイルの点検

エンジンにおける血液に例えられるオイル。潤滑、冷却、洗浄等々、多様かつ重要な役割を持つだけに、量と状態が適切かの点検と定期交換が必須だ。点検に際しては、平坦地で3分間アイドリング後エンジンを止めて3分待ち、車体を垂直にして行なう。

01 点検はエンジン右にある点検窓で行なう。FとLの間にあればOKだがL以下なら補充する

02 エンジンオイルを補充する場合、エンジン右側前方にあるオイル注入口キャップを反時計回りに回して取り外す

03 点検窓で量を確認しながら油面がFとLの間になるまでオイルを補充する

POINT

エンジンオイルの交換サイクル

エンジンオイルは初回1か月または1,000km経過時、以後は6,000kmまたは1年ごとが指定され、オイルフィルターは初回は初回エンジンオイル交換と同時、以後は18,000kmごとが指定され、オイルはスズキ純正エクスターR9000/R7000/R5000が推奨される。

04 オイル交換時はエンジン下部左側にあるドレンボルトからオイルを排出する。オイルフィルターはエンジン前面に装備されている

COOLANT
冷却水の点検・補充

Vストローム250のエンジンは冷却に冷却水を使用する。冷却水が不足しているとオーバーヒートに繋がりエンジンにダメージを与えかねない。月に1度程度は量の点検をしたい。点検をする際は、エンジンが冷えている状態で行なうこと。

冷却水の量の点検

01 量はメインスタンドを立てた状態でリザーバータンクを見て点検する。タンクは右サイドカウル内にあり、写真のようにして見る

液面がリザーバータンク側面にある2本の線の間にあればOKだが、下のL線を下回る、または線近くにあったら冷却水を補充する

02

冷却水の補充

01 リザーバータンクにアクセスするためパーツを外していく。まずメインスタンドを立てシートを外す

02 タンク後方下にある右側フレームカバーを取り外していく。このカバーはボルト2本で固定されているので、それを5mmのヘキサゴンレンチを使い取り外す

03 カバーにはフックが3つあり、それが車体側グロメットに刺さっているので、右写真を参考にフックを引き抜きつつカバーを取り外す

04 続いて右側サイドカウルも外していく。まずサイドカウルを固定するボルト2本を4mmのヘキサゴンレンチで緩めて外す

05 サイドカウルもフックによる固定があるのだが、まず後端分を外側に引いて噛み合いを解除する

06 後端のフックを外したらサイドカウル全体を車体前方に動かし、残りのフックを解除し取り外す

07 取り外した右側サイドカウル。○印位置にフックとグロメットがあるので、参考にしてほしい

08 右側サイドカウルを外すとリザーバータンクが現れ、タンクのキャップにアクセスできるようになる

V-Strom250 BASIC MAINTENANCE

09 タンク上部にあるキャップを引いて外し、F線まで冷却水を補充する

10 右側サイドカウルを戻していく。取り付けしやすいよう、フックに薄くシリコングリスを塗る

11 カバーのグロメットに刺さる車体側の突起にも薄くシリコングリスを塗る

12 カバー上側のフックを溝に入れ**11**の突起が対応するグロメットに刺さるよう後ろにずらす

13 前側のフックとグロメットが噛み合っているのを確認したら、後端のフックを車体側グロメットに刺す

14 フックを車体側グロメットに合わせて右側フレームカバーを取り付け、各固定ボルトを締める

DRIVE CHAIN
ドライブチェーンの点検と調整

エンジンの駆動力をリアタイヤに伝えるドライブチェーン。摩耗すると伸びてゆるみが増えシフトタッチが悪くなり、最悪スプロケットから外れてしまう。月に1度程度は点検し、必要に応じて調整すること。また清掃と注油も寿命を伸ばす意味で重要だ。

01 メインスタンドを立ててゆるみを点検する。点検は前後スプロケットの中央で行なう

67

02 チェーンを上下に動かしその振れ幅が20〜30mmであればOK。これはチェーンの複数箇所で行ない、場所により遊びが違う偏伸びがあったらチェーン交換だ

03 たるみがNGなら調整する。調整はスイングアーム後端のアジャスターで行なうが、まずアクスルシャフトのナットを17mmと24mmのレンチで緩める

04 随時たるみ量を確認しつつアジャスターのナットを12mmレンチで少しずつ回して調整する。調整量は目盛りを頼りに左右で合わせること

05 スプロケットとチェーンの間にウエスを噛ませホイールが後ろに動かないようにしつつアクスルシャフトを押さえながらナットを65N·mのトルクで締め付ける

清掃と注油

01 メインスタンドを立てホイールを回しチェーンが滑らかに回らない、汚れがあったら清掃注油する

02 まず汚れを落とす。純正アルミホイール&チェーンクリーナーをチェーン全体に吹き付ける

03 ウエスを使い汚れを拭き取る。汚れが酷い場合はクリーナーの吹き付け、拭き取りを繰り返す

04 チェーンの手前と奥に純正チェーンオイルRを塗布したら余分なオイルを乾いたウエスで拭き取る

LIGHT
灯火類のバルブ交換

ヘッドライト、ウインカー、テールランプで構成される灯火類。周囲に自分の行動や存在を伝えることで安全に大きく関わっている。球切れしていたらすぐさま対処するようにしたいが、テールランプはLEDなのでユニットごとでの交換が必要となる。

ウインカー

01 ウインカーは前後とも同じ構造だが、やや独特な作りでバルブ交換は多少ノウハウが必要だ

02 ウインカー底面にインナーを固定するビスがあるので、プラスドライバーを使い取り外す

03 ウインカーインナーには車体側に固定用の爪（写真右、○印）があるので、外側を開くようにしてウインカーアウターから取り外す

04 プラスビス2本を外し、インナーからバルブソケットを抜き取る

05 押しながら回しロックを外すとバルブをソケットから外せる。使われているのはオレンジバルブの12V10W球となっている

ヘッドランプ

01 ヘッドランプバルブにアクセスするためヘッドランプアッシーを外す。アッシーの左右にあるボルトを4mmヘキサゴンレンチで取り外す

V-Strom250 BASIC MAINTENANCE

02 固定ボルトはヘッドランプアッシー向かって右下にもあるのでこれを外す

03 手前に引いてヘッドランプアッシーを分離するが、配線があるので引きすぎないこと

04 ヘッドランプとポジションランプにつながるカプラーを取り外す

05 ヘッドランプアッシーを外す。バルブ後方にスペースが無く、大きなLEDバルブ等の取り付けは困難

06 上に引いてゴムでできたヘッドランプキャップを取り外す

07 針金でできたホルダーを、ロックを外し写真のように引き上げる

08 ヘッドランプバルブを外す。使用球は12V60/55WのH4タイプだ

09 ポジション球はホルダーをそのまま引き抜くとアクセスできる。使用バルブは12V5Wとなっている

リアブレーキスイッチ

01 リアブレーキをかなり奥まで踏まないとブレーキランプが点灯しない、逆に点灯しっぱなしの場合は調整する。中心のスイッチを固定しつつナットを右に回すとより浅い位置で、左だと深い位置でランプが点灯する

THROTTLE CABLE

スロットルケーブルの調整

スロットルグリップの動きをスロットルボディに伝えるのがスロットルケーブル。その遊びが適切でないと、アクセル操作とエンジンの吹け上がりがシンクロせず思い通りに走れない。ときには点検し、必要があれば調整するようにしよう。

01 スロットルケーブルは右ハンドルスイッチボックスから2本伸びている

02 遊びはメインスイッチOFF状態で操作し、2〜4mmの範囲にあるかを点検する

03 遊びがNGならブーツをずらしロックナット(矢印)を緩めた後、アジャスタを回して調整する

CLUTCH

クラッチの調整

エンジンの力を断続するのがクラッチ。Vストローム250はケーブル式で、伸びにより遊びが変化する可能性がある。また何らかの理由で調整が不適切になっていることも考えられるので、気になったら点検し適正な状態に調整したい。

04 調整が終わったらロックナットを締め、ケーブルブーツをしっかり被せる

01 通常状態から軽い抵抗を感じる位置までの、レバー先端部の距離＝遊びは10〜15mmが適正

02 遊びのずれが軽微ならレバー側で調整する。まずクラッチケーブル先端のゴムカバーをめくる

03 ゴムカバーをずらすと、アジャスターとロックナットが姿を現す

04 ロックナットを緩める。通常固く締まっているのでペンチを使って緩めていこう

05 アジャスターを後ろ（矢印方向）に回すと遊びが少なくなる。調整を終えたらロックナットを締めカバーをかぶせる

06 遊びのずれが大きな場合はエンジン側で調整を行なっていく

73

07 12mmレンチでロックナットを緩め10mmレンチでアジャスターを回し遊びを調整。ロックナットを締める

BATTERY

バッテリー

Vストローム250のバッテリーは密閉式でバッテリー液の点検・補給は必要ない。ただ寿命がある部品であり、メーターの電圧計で12.0V以下を頻繁に表示する場合は寿命の可能性があるのでショップに相談し補充電か交換をしてもらおう。

01 バッテリーはシート下にある。長期間使用しているとターミナル部が粉を吹くので清掃する

POINT

バッテリーの脱着歩法

ターミナルの清掃や交換のためにバッテリーを外す際は、ショートを避けるためメインスイッチOFFの状態でマイナス、プラス（赤いカバー付き）の順に取り外し、取付時はプラス、マイナスの順とする。ターミナルの清掃はぬるま湯を注いで拭き取るかワイヤーブラシで磨くこと。

FUSE

ヒューズの点検と交換

ショートによる部品破損や火災から守っているのがヒューズ。ヒューズが切れると、特定の電装系が動かなくなる。ただショートが無くても切れる場合もあるので、異常がある場合スペアに交換し様子を見て、すぐ切れるならショップに相談しよう。

メインヒューズ

01 メインヒューズから。シートを外し左側フレームカバー固定用ボルトを5mmヘキサゴンレンチで外す

02 フレームカバー固定ボルトはもう1本あるので、これも取り外す

03 手前に引いてフレームカバーを外す

V-Strom250 BASIC MAINTENANCE

04 左側フレームカバーには3つのフックがある。取付時はこれを車体側グロメットに差し込むこと

05 フレームカバーを外すとメインヒューズにアクセスできる。これが切れると一切の電装系が動かない

06 ゴムカバーを引き上げ、赤いメインヒューズカプラーを露出させ、横の爪を押しロックを解除しながら上に引き抜く

07 カプラーを分離すると緑色のメインヒューズが見える

08 カプラーが繋げられたスターティングモーターリレー側面にはスペアヒューズがある

系統別ヒューズ

01 系統別のヒューズはシートの下、3つに分かれて配置される。そのうち2つはバッテリー前にある

02 バッテリー向かって左のヒューズボックスはABS用。蓋を開くとABS用25Aヒューズ、同15Aヒューズ、スペアの25Aヒューズが収められている

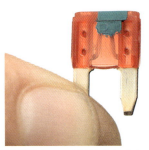

03 ヒューズを引き抜き、左右の柱の間の線が切れていないかを見る

04 バッテリー向かって右のヒューズボックスは、ヘッドライト、ウインカー、スペア15Aヒューズがある。交換時はA数を合わせること

05 最後の1つはバッテリー後方、車体右側にあり燃料ポンプ用、点火系用、スペアヒューズの3つが収まったものとアクセサリソケット用の2分割となる

06 黒いヒューズボックスに収められているのはすべて10Aヒューズ

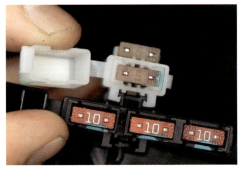

07 アクセサリ用は5Aでスペアは蓋の外にある

AIR CLEANER DRAIN TUBE
エアクリーナードレンチューブの清掃

エアクリーナーで発生した水やオイルを溜めるのがエアクリーナードレンチューブ。1年毎に点検・清掃が指定されているが、車体を倒したり何か異常があると溜まる傾向にあるとのことで、無転倒で溜まっているようならショップに見てもらいたい。

01 エアクリーナードレンチューブは車体左側、エアクリーナーボックス下にある

76

V-Strom250 BASIC MAINTENANCE

02 チューブは透明で堆積具合は目視確認できる。清掃する場合は、クリップを開いてずらし、チューブを引き抜いた後、堆積物を取り除く

Special thanks
販売から修理まで安心のスズキプロフェッショナルショップ

スズキの販売子会社、スズキ二輪の直営であるスズキワールド浦和店。埼玉県唯一のスズキメーカーディーラーであるだけに、在庫数は豊富で車両に対する知識も万全。お客さんの層としては中型以上が多いとのことだが、小排気量車を含めバイクライフを強力にサポートしてくれる。

スズキワールド浦和
埼玉県さいたま市南区内谷1-3-5
営業時間 10:00〜18:00
定休日 毎週火曜日、水曜日（一部変則あり）
URL https://suzukiworld.jp/urawa/
Tel 048-710-8198

Vストロームシリーズはもちろん、隼、GSX-Rシリーズ等々、新車から中古車まで豊富な在庫を誇る

石田 雄之助 氏
スズキワールド浦和の店長を務め、お客さんを優しく出迎えてくれる

平山 勝也 氏
作業を担当していただいた平山氏はメカニックとして日々整備を行なっている

V-Strom250
CUSTOM MAKING

WARNING 警告

この本は、習熟者の知識や作業、技術をもとに、編集時に読者に役立つと判断した内容を記事として再構成し掲載しています。そのため、あらゆる人が作業を成功させることを保証するものではありません。よって、出版する当社、株式会社スタジオ タック クリエイティブ、および取材先各社では作業の結果や安全性を一切保証できません。また作業により、物的損害や傷害の可能性があります。その作業上において発生した物的損害や傷害について、当社では一切の責任を負いかねます。すべての作業におけるリスクは、作業を行なうご本人に負っていただくことになりますので、充分にご注意ください。

Vストローム250 カスタムメイキング

バイクの楽しみ方の1つとして欠かせないのがカスタムだろう。ここではVストローム250の魅力をアップしてくれる、キジマ製カスタムパーツの取り付け手順を解説していく。愛車のカスタムにDIYで取り組む時の参考として役立ててほしい。

協力＝キジマ https://www.tk-kijima.co.jp ／ スピードハウス http://bird4492.blog14.fc2.com

撮影＝柴田雅人

Special thanks

多様なメーカー、車種に対応してくれる

車両の販売、修理からカスタムまで幅広く手掛けるのがスピードハウス。国内メーカーから海外メーカーまで、またON、OFF問わず対応してくれる頼れるショップだ。代表である鈴木氏一人で営業しており営業日でも不在の時があるので訪問時は事前に電話で確認するようにしたい。

鈴木良邦 氏

国内メーカー正規ディーラーで経験を積み独立。豊富な知識で的確な修理やカスタムを行なっている

スピードハウス

埼玉県入間市宮寺2218-3
Tel. 042-936-7930　URL http://bird4492.blog14.fc2.com
営業時間　11:00〜19:00　定休日　不定

Vストローム250
カスタムメイキング

ツアラーとしての
ポテンシャルを伸ばす

　当コーナーで取付工程を解説するすべてのパーツを装着したのがここで紹介するこの車両だ。ロングツーリングでのポテンシャルをアップさせつつ、質実剛健なVストローム250のキャラクターを一切崩さないスタイルとなっている。これらのパーツは、モーターサイクルショーでのカスタムVストローム250を展示したキジマのものだ。様々なメーカーのパーツを組み合わせるのもプライベートカスタムの醍醐味だが、このように単一メーカーで揃えた時の性能・ルックスにおけるマッチングの良さは格別。同じスタイルを実現したい、そう思ったらこれから始まる取り付け解説コーナーを熟読し実践してほしい。

V-Strom250 CUSTOM MAKING

1.2. ラリーレイド感あふれるアドベンチャータイプスクリーン。スクリーン固定位置を3段階で変更できる。そのマウントステーを兼ねたブラケットにハンドルクランプタイプのアクセサリーが取り付けできる1つで2度おいしいアイテムだ　3. 立ちごけ等の軽度なアクシデントにおけるエンジンへのダメージを軽減してくれるエンジンガード　4.5. 夜間における安心感を高め視野を広げてくれるLEDフォグランプ。メーター下に取り付けるスイッチは、ON時にボタンが光るのでON/OFF状態がひと目で分かる。配線加工不要、ボルトオン装着なのもうれしい　6.7. スリムなボディに8個のLEDを組み込んだTRL2LEDウインカー。ICウインカーリレーを含む取り付けに必要なすべてのものが入ったキットだ　8. 近年人気のサイドバッグを安定的に装着できタイヤとの接触リスクを低減できるバッグサポート　9. シートを外さずヘルメットを固定できるヘルメットロックは利便性抜群

81

LEDウインカーと LEDフォグランプの取り付け

スタイリッシュなウインカーと夜間走行に安心感をもたらしてくれるフォグランプを取り付けていく。

TRL2 LED ウインカーランプ KIT
ボルトオンで取り付けできるスタイリッシュなLEDウインカー。ICウインカーリレーも付属する　　　¥19,800

LED フォグランプキット
配線無加工で取り付けできるLEDフォグランプ。ライトの色はホワイトとイエローがある　　　¥57,200/61,600

リア

01 まずリアウインカーを交換していく。キャリアを外すため、天面にあるボルトを8mmヘキサゴンレンチで外す

02 キャリア前方を固定しているボルト2本を12mmレンチで外し、キャリアを取り外す

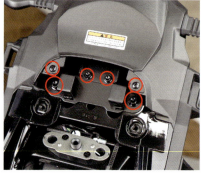

03 ○印部のボルト計6本をプラスドライバー、10mm、12mmレンチを使い取り外す

04 サイドパニアステーを固定しているボルト、片側5本を10mmレンチで外す。このボルトには筒状のカラーが併用されているので紛失に注意

ボルトを全て外したらステーを外して保管しておく
05

ベーシックメンテナンスのp.65を参考に、左右のサイドカバーを外す
06

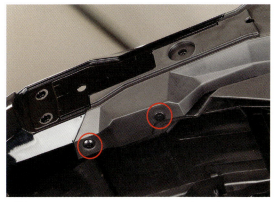
サイドパニアステー取付部下にあるプラスビスとトリムクリップ、左右それぞれ2本を外す
07

テールカウル前方下面、写真の位置にあるトリムクリップ、左右各1本を外す
08

CHECK

トリムクリップは中央部を凹ませる（写真上）とロックが解除され、引き抜くことができる。取付時は尖った棒状部分を押し中央部が突き出した状態（写真下）にした上で取付穴に差し込み、突き出した部分を押して平らにすると固定できる

シートカウル側面前端にあるプラスビスを外す。固く締まっているのでサイズが合ったプラスドライバーをしっかり押し付けながら回そう
09

車載工具の後ろにあるテールランプおよびウインカー用のカプラーを分割する
10

LEDウインカーとLEDフォグランプの取り付け

11 テールランプとウインカーの配線は別の配線と結束バンドで留められているので、これを切ってフリーにする

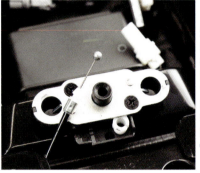

12 シートロック解除用のワイヤーを、それをシートレールに留めているバンドを外しつつシートロック本体から取り外す

13 後方に引いてシートカウルを車体から外す

14 シートカウル底面にあるプラスビス4本を外す

15 シートカウル裏側、写真の○印位置にあるプラスビス4本を緩めて外す

16 3ピース構造になっているシートカウルをツメに注意しながら分割する

CHECK

シートカウル中央部とサイド部にはツメがある。まず下側は○印部の2点で、これは次ページで紹介する上側に比べ噛み合いは弱く分解時に意識する必要性は低いが、組立時にはしっかり位置を合わせ噛み合わせてやろう

84

CHECK

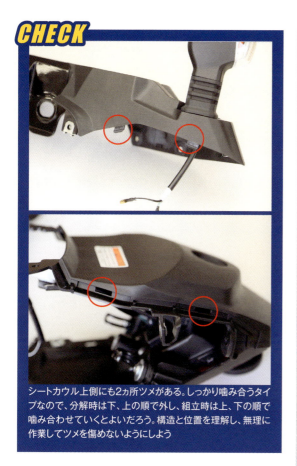

シートカウル上側にも2ヵ所ツメがある。しっかり噛み合うタイプなので、分解時は下、上の順で外し、組立時は上、下の順で噛み合わせていくとよいだろう。構造と位置を理解し、無理に作業してツメを傷めないようにしよう

純正ウインカーをテールカウルから取り外す

19

LEDウインカーと付属のベースを組み合わせる。ウインカーにある突起(矢印)をベースの穴(○印)に差し込んで密着させること

20

ウインカー配線のギボシ端子を分割する。各ウインカーからは2本ずつ配線が伸びているので計4つのギボシ端子を外す

17

テールカウルの突起(**19**参照)をウインカーベースの穴に差し込みつつウインカーをセットする

21

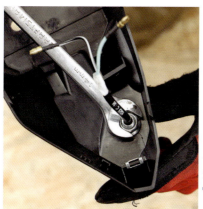

14mmレンチでウインカー固定ナットを外す

18

22 キット付属のワッシャとナットを使いウインカーを固定する。使用するレンチは12mmと純正と違うので注意

LEDウインカーとLEDフォグランプの取り付け

POINT

23 結線する。右はウインカーの赤線を緑線、黒線を黒白線に、左は同赤線を黒線、黒線を黒白線につなぐ

テールカウルを組み立て、外した時と逆の手順で車体に取り付け、各部品を元に戻す

24

ヘッドライトケース内、向かって右側に左ウインカーの配線があるので、そのギボシ端子2つを分割する

02

アッパーカウリングを外すので、ヘッドライト前にあるボルトを4mmヘキサゴンレンチで外す

03

フロント

続いてフロントで作業していく。ベーシックメンテナンスのp.70ページからを参考に、ヘッドランプアッシーを外す

01

アッパーカウリング内側、右サイドにある右ウインカーのギボシ端子を分割する

04

V-Strom250 CUSTOM MAKING

ベーシックメンテナンスのp.66を参考にサイドカウルを取り外す
05

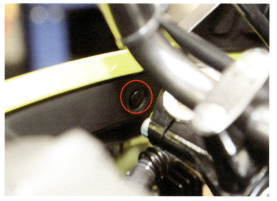

アッパーカウリングとボディカウリングを留めているトリムクリップ計2本を外す
06

14mmレンチでウインカー固定ナットを外し、配線から抜き取っておく
08

○印位置のボルトを上側は4mmヘキサゴンレンチ、側面はプラスドライバーで外しアッパーカウリングを外す
07

純正ウインカーを車体から取り外す(撮影の都合上、アッパーカウリングは外していない)
09

燃料タンク下にあるウインカーリレーを交換するため、タンク後端の固定ボルトを12mmレンチで外す
10

87

LEDウインカーとLEDフォグランプの取り付け

タンク後端を持ち上げ（動きにくい場合、タンク前端にあるヒンジのボルト＆ナットを10mmレンチで緩める）、タンク下にあるウインカーリレーを外す
11

POINT

付属リレーの赤線を純正リレーのB端子が、黒をL端子が刺さっていた所に接続し、タンクを元に戻す
12

フォグランプの準備をしていく。まずランプ本体にあるくぼみに、写真のように付属の4穴金具をセットする
13

ランプとステーを固定する付属ビス（左右各2本）のネジ山にネジロック剤を塗布する
14

先程のビスを使い、ステーにフォグランプを留める
15

同じ作業を繰り返し逆側もランプをステーに取り付ける。上下があるので、写真の向きで取り付けること
16

ラジエターネットの固定ビス4本のうち、上側を留める2本を取り外す
17

V-Strom250 CUSTOM MAKING

18 LEDフォグランプのステーをウインカー取付穴に合わせ、そこにベースを取り付けたLEDウインカーを差し込む

19 ウインカーキット付属のワッシャとナットで、フォグランプステーごとウインカーを固定する。使用レンチは12mm

20 ステー下側は、ラジエターネット上部と純正ビスで共締めしラジエターに固定する

21 取り付けが完了したフロントウインカー。これから結線をしていく

22 右ウインカーの配線にキット付属の延長配線を接続し、全長を伸ばした上で赤線を純正配線の緑線に、黒線を黒白線につなげる

POINT

23 フォグランプの線を色を合わて付属フォグランプハーネスに接続。ここでは保護のためハーネステープを巻いた

LEDウインカーとLEDフォグランプの取り付け / エンジンガードの取り付け

 フォグランプスイッチと23で接続したハーネスを結線する。ハーネスの黒線をスイッチの黒白線に、赤線をスイッチの茶線につなげていく

 フォグランプスイッチの赤線と黒線をヘッドライトケース内に入れる。そしてそこに付属のポジションカプラー線の同色線をつなぎ、ポジションカプラー線のカプラーを、純正ハーネスのポジションランプ用カプラーに接続する

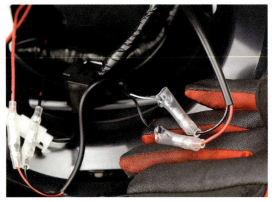

26 左ウインカーの配線をヘッドライトケース内に入れ、黒線を純正ハーネスの黒白線に、赤線を同黒線につなぐ

 ヘッドランプアッシーのヘッドランプバルブに純正のカプラーを、ポジションランプに25で割り込ませたポジションカプラー線のカプラーを接続する

28 ヘッドランプアッシー等、外した部品を元に戻す

29 各配線を可動部に当たらない位置に配置、結束バンドで留めたらスイッチを両面テープでメーター脇に貼る

90

エンジンガードの取り付け

立ちごけ等による軽微なダメージから車体を守るエンジンガードを取り付けていく工程を紹介していこう。

エンジンガード
スチール製ブラック仕上げのエンジンガード。Ｖストローム250の全年式に対応している　￥17,600

POINT

01 メインスタンドをかけた上で、エンジン下にジャッキを掛け、エンジンが下にずれないようにする

02 前側を12mmレンチ、後側を14mmレンチで固定ボルトを外し、アンダーガードを取り外す

03 作業しやすくするため、銀色のウォーターポンプパイプの固定を解除する

エンジンガードの取り付け

04 固定ボルト2本を10mmレンチで外す

05 マフラーを外していく。まずエキゾーストパイプとサイレンサーを留めているバンドを12mmレンチで緩める

06 サイレンサー固定ボルトを12mmレンチ2本を使い外す

07 サイレンサーを後方に引き抜き、傷が付かないよう保管しておく

08 エキゾーストパイプ後部を車体底面に固定しているボルトを12mmレンチで外す

POINT

09 エキゾーストパイプのO₂センサーの配線を留めるバンドをカットし、カプラーを分割しておく

10 長い6mmヘキサゴンレンチを使い、エキゾーストパイプフランジのボルトを緩めて外す

11 O₂センサーの配線がつっぱらないよう気をつけながらエキゾーストパイプを外して下にずらしておく。外したパイプは下に台を置き下がりすぎないようにしないと、配線がつっぱり、傷めてしまう

V-Strom250 CUSTOM MAKING

14mmレンチ2本を使いナットを外した上でエンジンマウントボルト2本を左側に引き抜く

クランプをフレームパイプ部に噛ませながら左エンジンガードをフレームに添わせる

POINT

右側は干渉し作業困難なので、本来より前方でクランプをセットした上で後ろにずらしていく

クランプを噛ませたら上部がエンジンマウント位置に合うようガードの位置を調整する

フレームとエンジンガードの間に付属のカラーを入れながら、付属のボルトと純正ナットを使いエンジンガードを仮留めする

CHECK

エンジンガード下側のクランプをボルトで仮留めする。このエンジンガードは全年式共用で、固定ボルトは長いものが2本、短いものが1本付属する。'23〜モデルでは、エキゾーストパイプと当たるのを避けるため右側に短い方を使う。このため固定ボルトが長短どちらか1本あまるが問題ない

93

17 エンジンハンガーのボルトに取り付けたナットを60N・mのトルクで本締めする

18 クランプの固定ボルトも10mmレンチで本締めする

POINT

19 純正アンダーガードを付ける場合、マニュアルに従い年式ごとのカバー形状に合わせた○印部のカット加工が必要になる。写真は'23〜以降用のもの

バッグサポートの取り付け

人気のサイドバッグ使用時、安全のためにぜひとも併用したいバッグサポートを取り付ける。

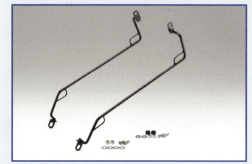

バッグサポート
サイドバッグのホイールへの巻き込みリスクを低減する専用設計のサポート。スチール製左右セット　¥15,180

01 サイドケースブラケット後端、下側の固定ボルトと併用されたカラーを10mmレンチで外す

02 タンデムブラケットの後ろ側に、穴位置を合わせてサポートをセットし、付属のボルト、ワッシャ2枚、ナットで仮留め

94

V-Strom250 CUSTOM MAKING

03 後ろ側は付属のボルト(ネジロック剤使用推奨)とワッシャを通した後、段を車体側に向けたカラーを差し、車体にセットする

04 4mmヘキサゴンレンチでサポート後部を固定する

05 13mmレンチと5mmヘキサゴンレンチを使い、前側を固定する

スクリーンの交換

ツーリングや普段使いに役立つアクセサリーマウントが付いたロングスクリーンに交換していく。

アドベンチャータイプスクリーン
アドベンチャースタイルを強調してくれるロングタイプのスクリーン。ツーリング派にピッタリ　￥35,200

01 5mmヘキサゴンレンチでボルト4本を抜き取り、純正スクリーンを外す。作業時、スクリーンを落とさないように支えながら作業していこう

02 移植するため、純正スクリーンに取り付けられたゴムブッシュを外す

03 上側のスクリーン固定穴にセンターステーをセットし、付属のボルトとワッシャで仮留めする。使用レンチは5mmヘキサゴン

POINT

04 下側スクリーン固定穴にステーBを仮留めする。これには左右があり、突起が下になる側に取り付ける

06 ステーAにマウントパイプをセットし、付属のボルトとワッシャで留め、仮留めとした各ボルトを本締めする

07 純正のゴムブッシュを取り付けたキジマ製スクリーンを純正固定ボルトで固定する

05 センターステーとステーBを結ぶようにステーAを取り付け、付属のボルトとワッシャで固定する

08 以上でスクリーンの交換は完了となる。スクリーン取付穴は3つあるので、好みの高さを選んで取り付けよう。写真は中央に取り付けたものだ

ヘルメットロックの取り付け

シートの脱着をすることなくヘルメットを固定できる、便利なヘルメットロックを取り付ける。

ヘルメットロック
左タンデムステップ部に取り付けるヘルメットロック。ヘルメットの固定が手早くできる　　　　　¥3,740

POINT
01 左タンデムステップの固定ボルトを6mmヘキサゴンレンチで外す。ネジロック剤が塗られ固いので注意

02 タンデムステップと車体の間にステーをはさみ、純正の固定ボルトで留める

03 ステーにヘルメットロック本体を留めるプラスビスのネジ山にネジロック剤を塗布する

04 突起をステーの切り欠きに合わせてヘルメットロック本体をセットし、プラスビスで固定する

05 以上で作業終了。前述したようにステップ固定ボルトがかなり固いので、ボルトを舐めないように気を付けよう

排気系変更で走りをグレードアップ

人気のカスタムであるマフラー交換。ここでは性能の高さで人気のスペシャルパーツ忠男製マフラーへの交換手順を解説していこう。

協力＝スペシャルパーツ忠男　https://www.sptadao.co.jp　写真＝柴田雅人／スペシャルパーツ忠男

マフラー交換で走りの気持ち良さを向上する

マフラーは見た目や音に影響を与えるパーツだが、性能を左右する重要な性能パーツでもある。その性能を重視し、実際に乗ったフィーリングにこだわって開発されているのがスペシャルパーツ忠男のマフラーだ。その開発コンセプトは「気持ちイー！」であり、数字上のパワーだけでなく、乗った時の楽しさ、心地良さに徹底的にこだわっている。Vストローム250には、実用域を中心にパワーアップを実現するPOWERBOXパイプ（エキゾーストパイプ）と同じく実用域からのパワーアップを可能とするスリップオンマフラー、POWERBOX2種をラインナップし、大人気を得ている。当コーナーではそれらを取り付ける工程を解説しつつ、試乗インプレッションをお届けする。愛車のカスタムの参考にしてほしい。

気持ちイイにこだわった POWERBOXシリーズ

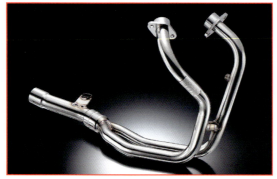

POWERBOX パイプ

大柄な車体にマッチする雄大なトルクを実現。超軽量ステンレス製で排気ガス規制適合品。～'22用と'23～用あり
¥43,890

POWERBOX サイレンサー SPORT

心地良く爽快でスポーティな特性を目指し開発したスリップオンマフラー。低速での性能も格別。'23～モデル用
¥86,900

POWERBOXを取り付ける

ここからはノーマルマフラーを POWERBOX パイプおよびPOWERBOX SPORT に交換する手順を解説する。この仕様も多いというサイレンサー部はノーマルをそのまま使う場合も紹介しているので、多くのニーズに対応できるはずだ。

モデルは'23年モデルで、デイトナ製エンジンガードが取り付けられている。POWERBOXは純正アンダーガードに対応している

ノーマルマフラーを取り外す

01 まずはサイレンサーを取り外す。メインスタンドをかけた状態で作業していく

02 ノーマルのサイレンサーとエキゾーストパイプを留めているバンドを12mmレンチで緩める

03 サイレンサーを車体に固定しているボルトを外す。裏側にナットを使っているので、12mmレンチ2本を使いナットを外した後、ボルトを抜き取る

04 車体への干渉に気を付けサイレンサーを後方へ引き抜く

05 アンダーガードを外す。デイトナ製エンジンガードを装着しているので固定方法が若干異なる

99

06 アンダーガード前側の固定ボルトを12mmレンチで外す。このボルトにはワッシャが併用されている

07 後方の固定ボルトを外す。ノーマルでは14mmレンチで外すが、デイトナのエンジンガードでは付属ボルトを使用するので、8mmヘキサゴンレンチで取り外した。ワッシャもエンジンガード付属品だ

08 固定ボルト4本を抜き取ったらアンダーガードを取り外し、ボルトともども保管しておく

09 車体下側、センタースタンド前にあるエキゾーストパイプ固定ボルトを外していく

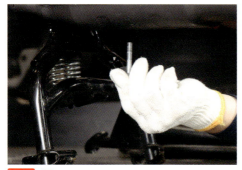

10 **09**のボルトは12mmレンチで外す。写真のようにかなり長いボルトが使われている

11 エキゾーストパイプに取り付けられたO2センサーを17mmレンチで緩める。スペースが無いため、この時点で外すことはできない

12 エンジンとエキゾーストパイプの接続部、フランジを固定するボルト計4本を6mmヘキサゴンレンチで外す。奥まった位置にあるので、ロングタイプのレンチを使って作業する

POINT

13 エキゾーストパイプ先端はハの字になっているので、左右を開くようにしてエンジンから離す

14 エキゾーストパイプを外しスペースができたらセンサーを外す。配線をねじりすぎないようにすること

15 センサーを外した後、エキゾーストパイプを完全に取り外す

16 エキゾーストパイプの 09 のボルト取付部から流用するパーツを外していく

17 ツバ付きの金属カラーをこじって外し、さらにそれが刺さっていたゴムブッシュも取り外す。マイナスドライバー等を使い、傷を付けないようこじって外していこう

101

POWERBOXパイプの取り付け

01 先程外した純正のブッシュをPOWERBOXパイプに取り付ける

02 取り付けたブッシュに純正カラーを差し込む。ツバ側が下に向くようにすること

03 エキゾーストガスケットを新品に交換した後、POWERBOXパイプを車体に近づける

04 一方をエンジン排気口に差し込んだ後、もう一方を引っ張りながら排気口に差し込む

05 純正のボルトを使いフランジを仮留めする

POINT
06 取り付け後正常になるよう、事前にある程度配線を捻った上でO2センサーをねじ込む

07 配線がねじれていないことを確認してから17mmレンチを使ってセンサーを固定する

V-Strom250 EXHAUST REPLACEMENT

08 純正のボルトを使いエンジン底面にパイプを固定する

09 エンジン底面の固定ができたら、フランジ部の固定ボルトを本締めすればパイプの取り付けは終了

ノーマルサイレンサーの取り付け

01 差込時に傷めないよう、サイレンサーの差込部にあるガスケットに薄くグリスを塗布する

02 サイレンサーを取り付け、ボルト、バンドを使い固定すれば取り付け完了となる

POWERBOXサイレンサーの取り付け

01 POWERBOXサイレンサーを装着する場合、まずノーマルサイレンサーからバンドを取り外す

02 続いて同じくノーマルサイレンサーからメインスタンドのストッパーゴムを取り外す

03 外したストッパーゴムを、サイレンサーに付属するメインスタンドストッパーに移植する

サイドスタンドに切り替え、ストッパーをメインスタンドを押さえる位置に（スタンド先端の膨らみには当たらないようにすること）合わせて付属のボルトを使いタンデムステップに取り付ける。使用工具は12mmレンチ
04

POINT

車体や製品の個体差があるので、ゴムがメインスタンドのパイプ中心に当たるようストッパーを適宜曲げる
05

06 サイレンサーに新品ガスケット（要事前購入）を差し込む（写真は撮影の都合上、使用済みのもの）

07 エキゾーストパイプにサイレンサーを差し込む

08 純正のボルトとナットを使い、タンデムステップ部にサイレンサーを仮留めする

09 バンドを締めつけ、サイレンサーとエキゾーストパイプを仮留めする

サイレンサーとセンタースタンドストッパーのクリアランスをチェック。もし少ないならストッパーを曲げて調整する。問題がなければ各固定ボルトを本締めする
10

11 作業中に着いた手脂が残っていると焼き付いてしまうので、エンジン始動前に拭き取っておこう

気になる交換後の変化は？

まずPOWERBOXパイプ+ノーマルサイレンサーの組み合わせから。中間のパイプだけ変わるという、スリップオンサイレンサーと逆パターンなので音はそのまま、と思いきや少し太いものになり、サウンドだけでもカスタムを体感できる。実際走ってみると、開発時に意識したという3,000〜4,000回転付近で明らかに力強くなっている。ここは街乗りでも使うゾーンであるので認識しやすく、ツーリングで巡航している時にも恩恵を味わえるはずだ。そのゾーンからアクセルをグッと開けていくと、トルクが上乗せされたまま気持ちよく吹け上がっていく。ジェントルな音量のままワンランク上の走りと気持ち良さが得られるのだから、人気の組み合わせとなっているのも納得だ。

そこからサイレンサーをPOWERBOXサイレンサーSPORTに交換していく。ブラックアウトされ地味なノーマルサイレンサーからポリッシュされたステンレスサイレンサーに変わるので見た目の変化は当たり前だが大きい。超軽量ステンレスを使用しているので実際の重さが減っているだけでなく、スリムなデザインなこともありルックス的な軽量化も非常に大きい。走り出す前からカスタムした喜びを感じられるのは間違いない。

エンジンを掛けると、ジェントルながら存在感のあるサウンドを紡ぎ出す。ここは静粛性を重視したもう1つのPOWERBOXサイレンサー、TABIとの違いの1つ。TABIは挙動がマイルドで疲れにくいのが特徴だが、SPORTはスロットルへ反応が良くワインディングも楽しい味付けという。試乗してみると中回転域より上の吹け上がりがパイプのみ装着時よりアップしており、スポーティさは大きく向上。その性能の高さ、乗っての楽しさは想像以上で、製造が追いつかないほどの人気となっているというのも納得の試乗だった。

Shop information

タイヤにも強い
アンテナショップ

取材にご協力いただいたのはスペシャルパーツ忠男浅草本店だ。スペシャルパーツ忠男製パーツの展示、販売、取り付けができるアンテナショップである一方、各種メディアでも度々登場するバイク用タイヤのスペシャルショップでもあり豊富な在庫を元に自分にあったタイヤを相談し装着することができる。またオイルやチェーン交換にも対応しており、バイクライフの様々なニーズにおいて強力にバックアップしてくれる頼れるショップだ。

スペシャルパーツ忠男　浅草本店
東京都台東区花川戸2-17-10
Tel 03-3845-2009
営業時間 9:30〜19:00（土日・祝日は18:00）
定休日 水曜日、第1・3・5火曜日

1. 有名観光地、浅草寺にも近い言問通り沿いにある同店。目立つ看板ですぐ見つかるはずだ。そんな店内には厳選されたオイル、タイヤを豊富に在庫し、そういった消耗品交換で訪れるライダーも多い　2. 作業を担当していただいた正村さん。接客担当として様々な相談に対応してくれる

カスタムパーツフォーカス
必見!ローダウンアイテム

アドベンチャーバイクとしてはシート高が低いVストローム250だが足つきに不安を覚える人もいるだろう。それを解決するアイテムを紹介する。

協力＝MFD　https://dockers.co.jp　写真＝柴田雅人

足つきの不安解消で乗るのが楽しくなる

藤原克昭 氏
MFDを運営するワースワイルの執行役員。世界GP500ccクラスやスーパーバイク世界選手権に参戦、鈴鹿8耐で2位を獲得したワールドクラスのライダーでもある

　シートが高くて足つきが悪いと、様々な場面で不安を覚える。その解決方法として代表的なものにシートの加工があるが、これはイコールシートのアンコを薄くすることであり、クッションが減って乗り心地が悪化する可能性が高い。そこでおすすめしたいのが近年様々な機種で見られるようになったローダウンだ。取材に協力いただいたMFDは、Vストローム250に対する足つき性改善の声に応え、ノーマルリアサスペンションを活かしたリーズナブルなローダウンキットと、ローダウンを実現しながらより高い性能が得られるYSS製サスペンションのオリジナルコラボモデルを販売している。前者はノーマルリアサスペンションユニットに取り付けるもので、ノーマルではつま先がギリギリ付く程度な身長153cmのライダーでも余裕を持って足先が接地できるようになるという。ローダウンは走行性能に影響を与える懸念があるが、MFDは経験豊富なライダーである藤原氏がいるので、そこにも充分留意し開発されているから安心だ。足つき性に悩んでいたら、MFD各店に相談してみよう。

ローダウンキット

シート高が約30mmダウンできる、ノーマルリアサスペンション用エンドアイとショートサイドスタンドのキット。取り付け作業はMFD各店や認可を受けた二輪販売店に依頼しよう

¥25,080

MFDオリジナル YSS 10mm ローダウンサスペンション

YSS MZ456 10mmローダウンモデルのMFDオリジナルモデル。高機能ながらリーズナブルな価格なのがポイント。足つき性も同時に改善できる

¥72,200

1. コラボレーションモデルは、ショック上部にMDFのロゴが刻まれている。イニシャルプリロードの調整は無段階で、こちらから行なう
2. ショック下部には車高(±5mm)、伸び側減衰力(30段階)のアジャスターを装備。様々なシチュエーション、走り方に合わせた細かなセッティングを可能にしている

Shop information

スズキ車がほしいなら ここを訪ねてみよう

モトフィールドドッカーズ＝MFDは新車・中古車販売、修理などをトータルで手掛けるショップだ。特にスズキ車に強く、販売量は全国トップクラス。それもあって新車がいち早く店頭に並び、大規模な試乗会も開催しているので新車が気になるならおすすめ。またツーリングやサーキット走行会、スキルアップ練習会なども開催し、ビギナーからベテランまで楽しめるイベントも数多く開催しており、バイクライフを強力にサポートしてくれる。

MFD東京本店
東京都江戸川区東葛西4-2-10
Tel 03-5676-1414
営業時間 10:30～19:00
定休日 火曜日、第1・3水曜日

1. MFD東京本店ではスズキの新車、中古車を大量展示。気になるモデルを間近に見てチェックすることができる。整備部門も充実しアフターサービスも万全だ　**2.** MFD東京本店の店長を務める竹口氏

V-Strom250 EVENT REPORT

イベントリポート ①
Vストロームミーティング2023

ここでは2023年11月12日に開催された、スズキ主催のVストロームミーティング2023の様子についてリポートしていくことにしたい。

写真＝スズキ

全国からVストロームが集まった

　スズキにより開催されているVストロームの祭典、Vストロームミーティング。第一回は2014年に開催された歴史あるイベントで、その後2016年、2017年、2018年、2019年、2022年と開催されてきた（2021年はオンラインにて実施）。第二回よりスズキ本社特設会場に舞台を移した本ミーティング、2023年は全国から1,257台、1,473名のVストロームファンが集まるという巨大イベントに発展した。Vストロームファンの多さ、そしてアドベンチャーツアラーVストロームオーナーのフットワークの軽さを証明していると言えよう。

　9時の開場とともに登場20年を迎えた初期モデルから最新モデルまで多数のVストロームが来場。広大な駐輪場を埋め尽くす姿は圧巻の一言であった。その会場には多くの出展ブースが並び、特設ステージではゲスト、および設計者のトークショーが開催され大いに盛り上がった。プレゼントが貰えるじゃんけん大会、集合写真撮影なども行なわれ参加者は一日を満喫していた。この先も大いに盛り上がることだろう。

108

V-Strom250 EVENT REPORT

登場したばかりの800を先頭に様々なモデルが連なる入場列。単一ファミリーながらここまで多様性がある光景となっているのは、長い歴史を持つVストロームのミーティングならではだろう

1,000台を大きく超える Vストロームが集結した

広大な駐輪スペースを埋め尽くすVストローム達。大小の「くちばし」が並ぶ光景は、ファンでなくてもウキウキしてしまう

1

2

3

4

1.2. 会場には新型スペーシアや、またがることもできるVストローム各車の展示が行なわれ人気を集めていた　3.4. Vストロームライフに欠かせないタイヤ、カスタムパーツ、各種ギアやアパレルメーカーの展示販売ブースも設置されていた。その場で詳しい説明を聞いたり実際商品を手にとって見られるということもあり、多くの人が集まっていた

109

ステージでのイベントでは
貴重なトークが繰り広げられた

10時30分、スズキ株式会社 鈴木俊宏社長による開会宣言と歓迎の挨拶によりミーティングはスタート

特設ステージでは恒例の人気プログラム、設計者トークショーが行なわれ、800、250SXの開発エピソードが披露された

続くトークショーはVストロームオーナーでもある加曽利さんや雑誌編集長などによる旅指南がテーマ。「成り行き旅こそツーリングの醍醐味であり、Vストロームはツーリングの最高の相棒」と盛り上がっていた

1

2

1.Vストロームミーティング2022でスズキ本社をスタートしたフラッグが東日本エリア、西日本エリアでライダーの手に受け継がれ1年を掛け帰ってくる「Vストローム旅するフラッグ シーズン2」。そのゴール式典が行なわれ、アンカーライダーからフラッグが鈴木社長に届けられた 2.フラッグをつないだライダー全員に、可愛らしいレプリカフラッグがプレゼントされ鈴木社長と記念撮影が行なわれた

V-Strom250 EVENT REPORT

1. 参加記念の人気のプログラム「Vストロームと私」ひとことスナップコーナー。思い思いの言葉を書いたボードを持ってのスナップ写真を撮影してくれる　2. 初企画となったロングツーリング賞では、3泊しながら北海道から名古屋を経由してきたライダーと、東京から和歌山を経由して来場した二人が受賞。Vストローム250オーナーでもあるゲストのロードレースライダー、津田拓也選手(右)より記念品が贈呈された　3. ミーティング最後は出展協賛社から提供された豪華グッズをめぐってのじゃんけん大会。「最初がV!」の掛け声から熱戦が繰り広げられた

次の開催を楽しみに
参加者は帰途に着いた

スズキ株式会社　田中強二輪事業本部長の閉会挨拶のあと、2回目の集合写真を撮影し、Vストロームミーティング2023は全プログラム終了となった

帰路に着く参加者を鈴木社長をはじめとしたスタッフ、ゲスト陣がお見送り。入場時にウェルカムドリンクとともに配られた入場券を使い、スズキ歴史館に向かう参加者も数多くいたそうだ

111

V-Strom250 EVENT REPORT

イベントリポート ②
KOOD ライディングスクール

アクスルシャフトに代表される高性能・高品質なアイテムを生み出す
KOODが主催するライディングスクールの様子をお届けする。

協力＝KOOD　https://kouwa-kood.jp

一般道でより安全に楽しむために

　一般道やツーリングでより安全にバイクを楽しむことを目的に、KOODではライディングスクールを開催している。今回は2024年4月27日、愛知県岡崎市のキョウセイ交通大学で開催された様子をお届けする。スケジュールは9時から16時30分までで、座学、コースに慣れる慣熟走行の後、ブレーキング、パイロンスラローム、コーススラロームを通じてバイクの操り方を学んでいく。講師はKOOD代表にしてジムカーナの達人である浮田氏の他、ゲストライダーとして津田拓也選手、桐石瑠加選手などが務め、初心者からベテランまでしっかりレベルアップすることができた様子だった。

このライディングスクールでは、KOOD製アクスルシャフトの無料体験が可能で、希望すればその場で愛車に装着し、スラロームなどを走って変化を実感することができる

V-Strom250 EVENT REPORT

1. スケジュールの説明と座学からスタート **2.** 走行前にライディングを想定した体操で体をほぐす **3.** それぞれ愛車にまたがり、効果的にブレーキするための身体の使い方を津田選手のレクチャーにしたがって練習 **4.** 最初のメニューはコースを回りながらのブレーキング。的確なブレーキングができているかその場で助言してくれる

ちょっとしたことで
バイクの動きが変わる

続いてパイロンスラローム、コーススラロームで小回りを中心にコーナリングをみっちり練習できる。講師陣がバイクで追走しながら改善点を逐次アドバイスしてくれるので走り甲斐がある

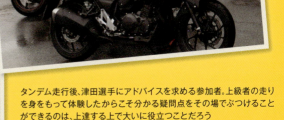

希望者は津田選手の後ろに乗り、プロのライディングを体験することができる。その走りはさすがプロライダーとあって、タンデムしているとは思えないほどスムーズで速いものだった

タンデム走行後、津田選手にアドバイスを求める参加者。上級者の走りを身をもって体験したからこそ分かる疑問点をその場でぶつけることができるのは、上達する上で大いに役立つことだろう

113

津田選手のVストローム250

全日本JSB1000クラスや鈴鹿8耐に参戦した他、スズキMotoGPテストライダーを務め、本線出場も経験。KOOD製品の開発にも携わる

ゲストライダーを務めたのはスズキからMotoGP参戦経験も持つトップライダー津田拓也選手。今回のスクールには自らの愛車Vストローム250と共に参加していた。Vストローム250は一目惚れし発売直後に購入。見た目はもちろん、マイルドで乗りやすい点もとても気に入っているという。スクールの相棒としても、スラロームがキビキビ走れおすすめとのことだ。

1.2.3. 前後アクスルシャフト、スイングアームピボットシャフトはKOOD製に交換。最初に入れたのはフロントアクスルシャフトだが、入れた瞬間、良いタイヤを入れたかのようなしっかり感が出てグリップが上がり、サスの動きも良くなったそうだ

V-Strom250 EVENT REPORT

KOOD製品を
その場で体験できる

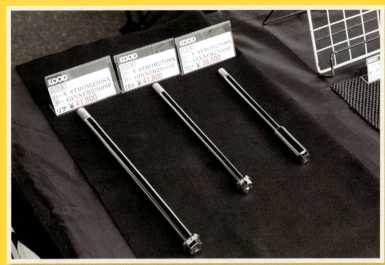

KOOD製品の展示販売もされていた。Vストローム250と250SXにはそれぞれフロントシャフト（¥38,500）、ピボットシャフト（¥41,800）、リアシャフト（¥41,800）が設定されている

イベント後半のコーススラロームは小雨が降るコンディションとなってしまったが、参加者は意欲的に走り、津田選手とのタンデム走行の希望者も後を絶たなかった

熟練の講師がしっかりアドバイスしてくれる

KOOD代表の浮田氏。鈴鹿4耐出場経験もある上級者だが、このスクールは上手く速く走るより基礎を学び、一般道での危機回避と安全運転に役立ててもらうことを意識しているとのことだ

ゲストライダーとして参加者にアドバイスを送っていた桐石選手。バイクショップの整備士として活躍する一方、2021〜2023年、全日本ロードレース選手権 J-GP3クラスにフル参戦している

読者プレゼント

株式会社キジマより読者プレゼントを頂いた。希望される方は、下記の応募要領に沿って応募してほしい。なお現品はカスタムメイキングコーナーで装着したもので、新品未使用の品ではないことを留意してほしい。

アドベンチャータイプスクリーン
1名

Vストローム250に適合したロングタイプスクリーン。取り付け位置は3段階で選ぶことができ、取り付けステーには各種アクセサリー用マウントバーを装備

提供 キジマ

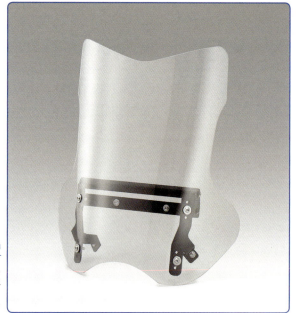

バッグサポート
1名

装着するユーザーが増えているサイドバッグ。それがリアタイヤへ巻き込まれるリスクを低減してくれるサポートで、Vストローム250に適合する

提供 キジマ

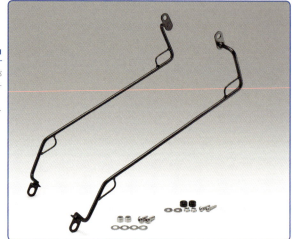

ヘルメットロック
1名

純正ではシートを外す必要があるヘルメットロック。これを左タンデムステップに取り付けることで手軽にヘルメットが固定できる。Vストローム250用

提供 キジマ

● 応募先
官製はがきに、住所、氏名、希望商品、本書の感想を記載の上、下記までお送りください。締切は**2025年8月31日消印有効**となります。

〒151-0051
東京都渋谷区千駄ヶ谷3-23-10　若松ビル2F
株式会社スタジオタッククリエイティブ
Vストローム250 カスタム＆メンテナンス
プレゼント係
※当選者の発表は商品の発送（2025年9月初旬予定）をもって代えさせていただきます。

V-Strom250/SX
CUSTOM PARTS CATALOG

Vストローム250／SX カスタムパーツカタログ

愛車に魅力を加えたり、足りない部分を補うことができるカスタム。そのカスタムに欠かせないカスタムパーツを紹介していこう。自分の好みや用途にピッタリあった一品を見つける手助けになるはずだが、安全のために確実な取り付けをした上で、カスタムライフを満喫していってほしい。

WARNING　警告

■ 本書は2024年8月30日までの情報で編集されています。そのため、本書で掲載している商品やサービスの名称、仕様、価格などは、製造メーカーや小売店などにより、予告無く変更される可能性がありますので、充分にご注意ください。価格は全て消費税込み(10%)です。

Exhaust
マフラー

カスタムの代名詞と言えるマフラー交換。スタイルを重視しがちだが、性能や法令への対応具合も充分認識した上で選んでいきたい。

Slip-On R-77S サイクロン カーボンエンド EXPORT SPEC
谷を減らしつつ全域で出力アップ。純正サイドケースにも対応する。サイレンサーカバーはステンレス等4種あり、Vストローム 250用
ヨシムラジャパン　¥68,200～82,500

TT-Formula RS フルチタン スリップオン
中回転域に重点を置き実用性の高い特性としたマフラー。純正パニアケース併用を前提としたレイアウトとなっている。～'22Vストローム 250用。音量は近接で90db
オーヴァーレーシングプロジェクツ　¥94,600

POWERBOX サイレンサー TABI
その名の通り、旅が楽しくなるたくましいトルクと心地良いジェントルなサウンドが特徴のスリップオンマフラー。'23年以降のVストローム 250に適合する
スペシャルパーツ忠男　¥86,900

POWERBOX サイレンサー SPORT
3,000～6,000回転にかけてトルクを引き出したマフラーで、高回転に向け気持ち良く回るスポーツランに適したマフラー。'23年以降のVストローム 250用となっている
スペシャルパーツ忠男　¥81,400

POWERBOX パイプ
3,000～6,000回転におけるトルクを増大させ快適で気持ちいい走りを実現する。'23年以降のVストローム用。～'22モデル用も¥41,800でラインナップする
スペシャルパーツ忠男　¥43,890

スポーツマフラー ソリッドチタン
レーシングスタイルをモチーフにしつつストリート仕様に設計されたマフラー。エキパイはステンレス製で、サイレンサーにはチタンを使用している。250SX用、要アンダーブラケット加工
ハイブリッド　¥41,800

V-Strom CUSTOM PARTS CATALOG

スポーツマフラー　ステンレスブルー

鮮やかなブルーサイレンサーが目を引く250SXのマフラー。オールステンレス製で耐腐食性に優れているのも嬉しい。アンダーブラケットの加工が必要となる

ハイブリッド　￥40,700

エキゾーストマフラーガスケット

マフラー交換時に必需品となるアイテム。ガスケットは一度使うと潰れて再使用できないからだ。Vストローム250用

キタコ　￥770

Handle
ハンドル周りパーツ

スマートフォンフォルダーやそのマウントといった、ハンドル周りに取り付けるパーツは、普段の使い勝手を大きく高めてくれる人気アイテムだ。

マルチバー・ハンドルクランプ共締めタイプ

ハンドルのクランプ部に共締めして取り付けるアクセサリーマウント用バー。バーの長さは180mm。Vストローム250に適合

エンデュランス　￥3,850

マウントバーステー

ハンドルクランプのホルダーがマウントできるスクリーンステー。スクリーン（純正のみ対応）の高さは3段階に変更可。Vストローム250用

キジマ　￥7,700

マウントバーステー

ハンドルクランプタイプのアクセサリーが取付可能なスクリーンステー。スクリーンの高さは2段階に設定可能だ。Vストローム250SX用

キジマ　￥7,150

Vストローム250 スマートフォン マウントバー

車種専用設計とすることで、実際に取り付けようとするとスペースがなく困ることがあるスマートフォンホルダーを確実にマウントできる

ワールドウォーク　￥3,960

119

アジャスタブル マウントバー ミラーホールタイプ
ミラーと共締めするマウントバー。各部に調整機構を持たせているので左右問わず取り付けが可能。マウントバーを上下左右に調整することで、スマートフォンを理想の位置に固定できる
ダートフリーク　¥4,180

スマホホルダーセット
脱着が最短アクションでできるスマートフォンホルダー。ロック内側にはラバーを設置し振動を軽減。取り付けステー2種類同梱。Vストローム250での取り付けを確認している
エンデュランス　¥3,410

ユニバーサルスマートフォンホルダー「マルチクランプ」
下記の同社製ユニバーサルクランプと併用するスマートフォンホルダー。長さ135〜180mm、厚さ11mmまでのスマートフォンに対応。スマートフォン接触部には絶縁性の振動吸収スポンジゴムを採用
P&Aインターナショナル　¥9,020

ユニバーサルクランプ「マルチクランプ」ミラー共締タイプ
ミラー取り付け部に共締めするマルチクランプで、同社製各種ホルダーのベースとなるアイテム。カラーはブラック
P&Aインターナショナル　¥9,020

ユニバーサルクランプ「マルチクランプ」
ハンドルバー、エンジンガード、センターキャリア等に簡単かつ確実に取り付けできるクランプで、別売のスマートフォンホルダーやアクションカメラホルダーと組み合わせて使おう
P&Aインターナショナル　¥13,420

メガネサングラスケース for「マルチクランプ」
同社製クランプとのセットで使用するメガネケース。大切なメガネやサングラスを安心して運ぶことができる
P&Aインターナショナル　¥11,220

アクションカメラホルダー「マルチクランプ」
同社のユニバーサルクランプ「マルチクランプ」またはユニバーサルクランプ「マルチクランプ」ミラー共締タイプと組み合わせて使用するアクションカメラホルダー。三脚で使われるネジタイプも付属
P&Aインターナショナル　¥3,410

V-Strom CUSTOM PARTS CATALOG

STF ブレーキレバー
精度の高い切削でガタが少なくライディングに集中できるレバー。可倒式でレバー位置が15段階で変更可能。Vストローム250用、全6色
アクティブ　¥12,100

STF クラッチレバー
ストリートで快適に使える性能を持たせた可倒式のレバー。位置を無段階で調整できる。Vストローム250用で全6色をラインナップする
アクティブ　¥6,380

アジャスタブルレバー左右セット マット
シックなマット仕上げとしたアルミ製レバーの左右セット。レバー位置を6段階で調整できる。Vストローム250用
エンデュランス　¥12,650

アジャスタブルレバー左右セット HG
2トーンカラーが高級感を演出する削り出しレバーセット。カラーは青、赤、金、銀、緑。6段階での位置調整ができる。Vストローム250用
エンデュランス　¥15,730

アジャスタブルレバー左右セット HG ショート
長さ138mmのショートタイプレバー（写真は170mmの通常タイプなので注意）。250SXに対応しており、位置が6段階で選べる
エンデュランス　¥15,730

アジャスタブルレバー左右セット
レバー長170mmを採用したアルミ削り出しのレバー。6段階で位置が変えられ、好みに合わせられる。Vストローム250用
エンデュランス　¥12,430

アジャスタブルレバー左右セット ショート
6色から選べる鮮やかなアルマイトが魅力のレバー。250SX適合で長さは138mm。写真は170mmサイズのものなので注意してほしい
エンデュランス　¥12,430

アジャスタブルレバー左右セット スライド可倒式
レバー長が147mmから182mmまで可変するレバーで転倒時も折れにくい可倒式となる。Vストローム250適合、青、赤、金、銀、黒あり
エンデュランス　¥18,700

アジャスタブルレバー左右セット 可倒式
滑らかなフィーリングの軸ベアリングを採用した可倒式レバー。レバー位置も6段階で変更できる。Vストローム250用
エンデュランス　¥15,730

アジャスタブルレバー左右セット 可倒式ショート
転倒時にも折れにくい可倒式としたショートタイプ（長さ138mm）のレバー。6段階で位置調整可能。250SXに適合。全6色あり
エンデュランス　¥15,730

左側レバー
破損時に使用したい純正と同仕様の補修用レバー。純正品番57621-48H00、57621-48H01に適合する
キタコ　¥1,430

ブレーキレバーガード
接触によるブレーキ誤動作を防ぐアイテム。全5色から選ぶことができる。Vストローム250での装着確認（要ハンドガード取り外し）済み
ヨシムラジャパン　¥13,200

ハンドルクロスバー D
中央部を細くしスタイルアップも図れるハンドルクロスバー。V ストローム250に対応。青、赤、金、銀、黒の5種類あり
エンデュランス　¥4,950

汎用 ハンドルクロスバー S EJ531
直径22.2mmで各種アクセサリー装着にも便利なクロスバー。ハンドルクランプ部センター間サイズは224mm。全5色
エンデュランス　¥4,400

ハンドルクロスバー S EK531
こちらはハンドルクランプ部センター間サイズ261mmとなるハンドルクロスバー。250SXに装着するならこちら
エンデュランス　¥4,400

アドベンチャー アーマーハンドガード
アドベンチャーツアラーに合わせて作られた高剛性アルミ合金製ハンドガード。専用のプロテクターも設定。カラーはチタンとブラックとなる。これは汎用品だが250SX専用品(¥15,950)もある
ダートフリーク　¥16,940

ZETA CW ハンドウォーマー
ZETA製ハンドガード専用設計のハンドウォーマー。走行風による手の冷えを防ぐ。サイズはMとL、カラーはブラックとカーボンあり
ダートフリーク　¥9,680/10,450

HOT ハンドウォーマー
ハンドガード付きのオフ車からビッグスクーターまで対応。裏地部分には防水フィルムを入れ、入り口部分をシャーリングとすることで雨水の侵入を抑えている。写真はブラックモデル
ラフアンドロード　¥7,700

HOT ハンドウォーマー
左記ハンドウォーマーのカーボンモデル。他にシティーカモ、カーキ、ネイビーカモ、オリーブ、レッドカモの全7色がラインナップする
ラフアンドロード　¥7,700

サークルミラー
ベーシックな丸型ながらロッド部を流線型デザインとして個性を発揮。ミラー直径は105mm。左右セット
エンデュランス　¥7,260

汎用ベーシックミラー
ベーシックな形状かつブラックカラーでスタイルを問わずマッチするミラー。縦80mm、横140mmと大きな鏡面で後方確認しやすい
エンデュランス　¥4,290

ラジカルミラー ブラック・ゴールド
V ストロームにもマッチしやすい配色を採用したスタイリッシュなミラー。ミラーサイズは縦80mm、横140mm。左右セット
エンデュランス　¥10,780

V-Strom CUSTOM PARTS CATALOG

ラジカルミラー メッキ・レッド
革新的なデザインながら新基準に対応したミラー。好みの位置に調整できるアジャスター機能を備える。左右セット
エンデュランス ¥10,780

Loading
積載系パーツ

ツーリングでの利便性アップを図れる積載系のアイテムを紹介する。Vストロームのアドベンチャースタイルの向上にも役立ってくれる。

グラブバーキャリア
純正キャリアに取り付け荷台を拡張するワイドデザイン。荷掛けフックが4点ある。Vストローム250用で最大積載量7kg、スチール製
デイトナ ¥12,100

マルチウイングキャリア
ウイング形状を採用したアルミトッププレートとVストローム250用に開発された取り付けフィッティングのセット。非積載時も車体のフォルムを損なわない。最大積載量7kg
デイトナ ¥15,950

GIVI 汎用ベース MP60N
すべてのGIVIモノロックケースに付属している汎用ベース。別売のZ880配線セット（ベース接点）の組み込み可能。Vストローム250取付時は下記フィッティングを組み合わせて使おう
デイトナ ¥3,850

GIVI 汎用ベース E251
GIVIのモノキーケースを取り付けるための汎用ベース。Vストローム250には下記の同社製フィッティングを介して取り付ける
デイトナ ¥12,100

GIVI SR3116 フィッティング
GIVIのモノロックケースを取り付けるためのVストローム250用フィッティングで、純正グラブレールキャリアにマウントする。モノロックケース付属の汎用ベースと組み合わせて使用する
デイトナ ¥14,300

SLC サイドキャリア
SW-MOTECHのサイドバッグ（レジェンドギアLC1/2、URBAN ABS、SYSBAG）をマウントするためのサイドキャリア
アクティブ ¥12,650

スリムフィットサイドバッグサポートセット

サイドバッグ装着時の張り出しを極限まで抑えたサイドバッグサポート。純正パニアホルダーを取り外して装着するが、それを取り外さず装着できる取り付けパーツも付属する。Vストローム250用

デイトナ　¥19,800

GIVI PL3116 パニアホルダー

GIVIのサイドケース、E22、TRK33、DLM36が装着できるVストローム250用のパニアホルダー。SR3116スペシャルラックと併用することでトリプル装着が可能になる

デイトナ　¥37,400

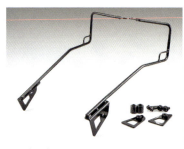 

バッグサポート

後輪へサイドバッグが巻き込まれるリスクを低減してくれる250SX専用設計のバッグサポート。スチール製、ブラック仕上げ

キジマ　¥19,800

バッグサポート

サイドバッグ装着時にバッグのホイール巻き込みリスクを低減するVストローム250用のサポート。左右セット、スチール製

キジマ　¥15,180

DH-757 シートバッグ PRO II Sサイズ

日帰りから1泊のツーリングに便利な、容量20〜26L可変のシートバッグ。大小ポケット、ドリンクホルダーを装備

デイトナ　¥19,800

汎用ソフトトップバック Sport Star

ヘプコ&ベッカー製のソフトバック。ハードケースより軽量なので車両の重心変化が抑えられる。容量は18〜28Lの可変式。サイズは縦横約35cm、高さ約18〜25cmとなっている

P&Aインターナショナル　¥38,500

V-Strom CUSTOM PARTS CATALOG

ソフトリアバッグ　Xトラベル M
Xトラベルサイドケースと共通デザインの汎用ソフトトップケース、容量は23〜30L、付属ショルダーストラップで歩行時に背負うことも可能
P&A インターナショナル　¥30,800

リアシートリアキャリアバッグ エレファント
容量14〜20L 可変のリアシートまたはキャリアにベルト固定するバッグ。上部にはバンジーロープネットを装備する。長さ約26cm、幅約34cm、高さ約17cm（拡張時約23cm）サイズ
P&A インターナショナル　¥36,850

リアシート / リアキャリアバッグ エレファント ドライバッグ
ベルトにより固定する高機能軽量リアシート / リアキャリアバッグで、容量が12〜16Lと可変できる。防水仕様で急な天候変化にも対応。長さ約30.5cm、幅約24.5cm
P&A インターナショナル　¥36,850

ソフトリアバッグ　Xトラベル XL
50Lの大容量を誇るリアバッグで、車体への固定に便利な4点で固定するラッシングベルト同梱。ウォータープルーフ素材を使用している
P&A インターナショナル　¥40,150

GIVI サイドバッグ GRT718
オフロードライダーに最適な防水サイドバッグ。IPX5防水なので急な雨でも安心。容量は15Lで、バッグ本体2つ、固定ベルト2点、ショルダーベルト2点が付属。同社製バッグサポートと併用したい
デイトナ　¥40,700

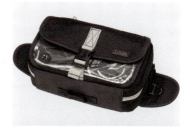

F-ウエスタブルタンクポーチ EX
乗車時は8インチまでのデバイスが収納できるタンクバックとして、降車時はウエストバッグとして使える2WAYバッグ。こちらはブラックモデルとなる
ラフアンドロード　¥8,600

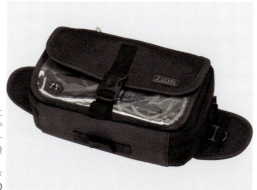

F-ウエスタブル タンクポーチ EX
容量 2.8L のウエストバッグにもなるタンクバッグ。ベルトやファスナーも黒としたこのオールブラックの他、アンバーも設定される
ラフアンドロード　¥8,600

GIVI E300N2 <30L> 未塗装ブラック

手頃な価格のモノロックシリーズのボックス。容量は30Lで最大積載重量は3kgとなる。販売終了品で、市場在庫のみとなるので注意

デイトナ ￥14,850

GIVI
B45+ モノロックケース
未塗装ブラック

人気の四角形状の新型ボックス。少し大きめでフルフェイスヘルメットとレインウェアが余裕で入る45Lサイズ。取付汎用ベース付属

デイトナ ￥46,200

GIVI E43NTL-ADV 未塗装ブラック

通勤・通学に最適な容量45Lのボックス。バックレスト、インナーボトムマット、ネットとフックが標準装備となっている

デイトナ ￥46,200

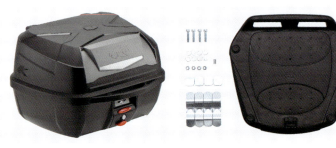

KAPPA モノロック トップケース K433NBRD

四角いシンプルなデザインのトップケース。容量43Lと使い勝手の良いサイズ感となっている。付属の汎用プレートで純正や市販キャリアへ簡単に取り付けできる。縦46cm、横55cm、高さ33cm

ダートフリーク ￥22,000

KAPPA モノロック トップケース K320

ショートツーリングに適した容量32Lのトップケース。取り付け用汎用プレート、ボルト・ナット類付属。最大積載量は3kg

ダートフリーク ￥15,400

リアボックス装着用アタッチメント

Vストローム250のリアキャリアに違和感無くすっきりリアボックスを装着できるアタッチメント。GIVIやワールドウォーク製ボックスだけでなく、SHADやCOOCASEの製品に適合する

ワールドウォーク ￥4,290

V-Strom CUSTOM PARTS CATALOG

フォーカラーズレンズリアボックス 30L
人が乗っても蹴っても壊れない丈夫なリアボックス。レッドの他、クリア、スモーク、ライトブルーのレンズが付属
ワールドウォーク　¥6,578

ツーカラーズレンズリアボックス 32L エクスクルーシブ
ワンタッチで開閉できるスポーティデザインのリアボックス。レンズはレッドの他スモークが付属する。取付ベース付属
ワールドウォーク　¥9,240

フォーカラーズレンズリアボックス 43L
4種類のレンズが付属する丈夫さが自慢のリアボックス。容量43Lでツーリングでも便利さを発揮してくれる。取付ベース付属
ワールドウォーク　¥10,560

ツーカラーズレンズリアボックス 48L エクスクルーシブ
フォーカラーズレンズボックスの丈夫さはそのままに、ワンプッシュロックを採用し使い勝手を向上。デザイン性の高さも魅力だ
ワールドウォーク　¥11,880

GIVI E22ND 未塗装ブラック
エッジを効かせたシャープなサイドケース。片側22Lの左右セット。取り付けにはサイドケースフィッティングが必要。最大積載量片側5kg
デイトナ　¥36,300

フィッシングロッドホルダー
グリップ径30mmまでの釣り竿を気軽に積載可能なロッドホルダー。最大積載量は1.5kgで角度調整が可能。汎用品でVストローム250への適合を確認している。タンデム不可
ダートフリーク　¥9,350

Exterior
外装系パーツ

カスタムの効果をアピールしやすいのはやはり外装パーツだろう。個々のチョイスはもちろん、組み合わせによって個性を出していこう。

ウインドスクリーン VS-14
純正よりセンター部で80mm長い、高さ435mm、幅430mmのスクリーン。クリアな視界もポイント。Vストローム250用
旭精器製作所　¥18,700

ウインドスクリーン VS-15
VS-14よりさらに長い、高さ490mmのウインドスクリーン。丈夫な2.5mm厚ポリカーボネイト樹脂製。Vストローム250用となる
旭精器製作所　¥20,350

エアロロングスクリーン
純正より大型で防風性能が高いVストローム250用のスクリーン。国産アクリル材使用で耐久性とクリアな視界を両立。クリアタイプ
ハイブリッド　¥15,400

127

エアロロングスクリーン
スモークカラーで視覚的存在感もバッチリなロングスクリーン。防風性能が高くツーリングにピッタリ。Vストローム250用
ハイブリッド　¥16,500

エアロロングスクリーン
国産アクリル製で耐久性とクリアな視界を両立したクリアタイプのロングスクリーン。250SX用でボルトオン装着
ハイブリッド　¥15,400

エアロロングスクリーン
純正より大型化し防風性能を高めたスクリーン。ロングツーリングの疲労低減に貢献する。存在感のあるスモークタイプ。250SX用
ハイブリッド　¥16,500

アドベンチャータイプスクリーン
ラリーレイド感に溢れた大型スクリーンで、スクリーンブラケットはマウントバーを兼ねている。Vストローム250用
キジマ　¥35,200

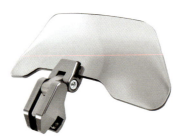
ERGO-VARIO アジャスタブルスクリーンスポイラー
純正スクリーンの上部に取り付けるスクリーンスポイラーで、高さと角度が調整可能。サイズは横約23cm、高さ約7cmとなっている。カラーはクリアとスモークあり
P&A インターナショナル　¥22,990

メーターバイザー
スモークタイプとした250SX用のメーターバイザー。ポリカーボネート製となる。現在開発中で詳細は変わる可能性がある
キジマ　¥未定

スクリーンオフセットブラケット
スクリーンの高さをノーマルから25mm/50mmアップできるブラケット。ハンドルクランプタイプアクセサリーを装着できるバーホルダーサイドにはシルバーのカラー付き。Vストローム250用
デイトナ　¥8,800

スクリーンオフセットブラケット
スクリーンの位置を25mmもしくは50mmアップできるブラケット。各ハンドルクランプタイプアクセサリーを取り付けられるバーホルダー付き。ホルダーサイドのカラーはレッド。Vストローム250用
デイトナ　¥8,800

V-Strom CUSTOM PARTS CATALOG

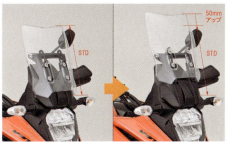

スクリーンオフセットブラケット
スクリーン位置をノーマル位置もしくは50mmアップに設定できるブラケットで、ブラケット上部のバーホルダー（Φ22.2mm）は各種アクセサリーをマウントできる。250SX用
デイトナ　¥8,800

アルミアンダーガード
厚さ3mmのアルミ製とすることで軽さと実用性を両立。底面にドレンホールを設け、脱着することなくオイル交換が可能。250SX用
ハイブリッド　¥22,000

タンクキャップデカール
タンクキャップをドレスアップできるカーボン調のステッカー。見た目の効果だけでなく、傷を防止できる機能もある。Vストローム250用
キタコ　¥990

フューエルキャップパッド
フューエルキャップをさり気なくドレスアップ。柔らかくて貼りやすいボッティング樹脂製。Vストローム250用
デイトナ　¥1,980

ヘッドライトガード ストーンガード
Vストローム250によりオフロードイメージを加えるヘッドライトガード。保安基準を満たした品だが装着時、光量が低下するので注意
キジマ　¥10,560

Vストローム250専用タンクパッド
専用設計されたG2プロテクションタンクパッド。優れた反発弾性とノンスリップ形状により安定したホールド感が得られる一方、小キズからタンクをガードしてくれる
ワールドウォーク　¥5,445

メーターパネルプロテクションフィルム＆作業用ツールセット
傷や汚れからメーターパネルを保護するフィルム（スーパークリアとアンチグレア2枚）と取り付けキットのセット。Vストローム250用
P&Aインターナショナル　¥2,750

129

Guard
ガード系パーツ

誰もが遭遇したくない転倒といったアクシデント。万が一の時に車体の損傷を軽減してくれるガード系のパーツを紹介していこう。

クラッシュバー
頑丈なパイプが燃料タンクやカウル、エンジンを保護。車体既存のアンカーポイントを利用した頑丈なフレームマウント。Vストローム250用
アクティブ ¥43,450

パイプエンジンガード Upper
軽度な転倒において身体が車体に挟まれにくい空間を生み出す。左記のLowerとの同時装着が必須。Vストローム250用
デイトナ ¥23,100

パイプエンジンガード Lower
軽度な転倒時に車体の一部とガードが地面に接地することで身体が車体に挟まれにくくしてくれる。マフラーが変更された'23〜モデルを含む全年式のVストローム250に適合する
デイトナ ¥30,800

サイドカウルガード
Φ25.4mmのスチールパイプを使ったガードで、軽度な転倒におけるダメージを低減。市販クランプ等を使ってフォグランプ等の取り付けも可能。Vストローム250用
エンデュランス ¥29,920

エンジンガード
Vストローム250SX用として開発中のエンジンガード。詳細は未定だが試作品の出来栄えは上々。早期発売を期待したい
キジマ ¥未定

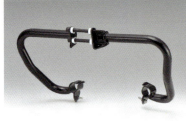

エンジンガード
立ちごけ等の軽度のアクシデントからエンジンを保護してくれるアイテム。コンパクトなデザインは車体のイメージを損ねない。Vストローム250用で、取り付けにはアンダーガードの加工もしくは取り外しが必要となる
キジマ ¥17,600

V-Strom CUSTOM PARTS CATALOG

サイドカウルガード
軽度の転倒時に各部のダメージを軽減するアイテム。パイプサイズはΦ25.4mmとなっている。電着＋粉体2層塗装仕上げでサビや傷にも強い。ボルトオン装着可能。250SX用
エンデュランス　¥29,920

エンジンスライダー SIL
もしもの際に車体へのダメージを低減。敢えてウィークポイントを作ることでエンジンの損傷を最小限に抑える。〜'22Vストローム250用
オーヴァーレーシングプロジェクツ　¥25,300

エンジンスライダー BLK
〜'22Vストローム250に適合するブラックアルマイト仕上げのスライダー。POM製のスライダーは長さ60mmの設定となる
オーヴァーレーシングプロジェクツ　¥26,400

汎用 プロテクターセット(M6)
M6のネジ部ならどこでも取り付けられる汎用のプロテクター。2個セットで、ゴールド、シルバー、ブラック、ブルー、レッドの5色設定
エンデュランス　¥3,850

汎用 プロテクターセット(M6)
2色カラーアルマイトで存在感を発揮する汎用プロテクター。M6のネジ部に取り付ける。シルバー、ゴールド、レッド、ブルーの4カラーあり
エンデュランス　¥3,850

Vストローム250(2023年)エンジンガード
立ち転けや転倒時に車体のダメージを軽減してくれるエンジンガード。本体はアルミ製で先端にジュラコン製のスライダーを使った2ピース構造となっている。左右2本セット
ワールドウォーク　¥8,800

Vストローム250 エンジンガード 1本
左記エンジンガードの補修部品で、1本での販売となる。Vストローム250の2023年以降のモデルに適合する
ワールドウォーク　¥5,500

Footwork
足周り・駆動系パーツ

Vストロームの走りを支える足周り、駆動系パーツを紹介する。装着後のセッティングも重要になってくるのでじっくり取り組んでいこう。

D.I.D 520ERVT
オフロード走行に強く低フリクションで疲れにくいチェーンで、レースでのハード使用にも向いている
大同工業　¥15,444(120L)

D.I.D 520VX3
独自の設計で軽快な操作感を実現したストリート用チェーン。スチール、シルバー、ゴールドの3タイプから選べる
大同工業　¥17,556〜13,332(120L)

131

EK 520LM-X
250cc車両向けに専用設計されたチェーン。レースでも使用されるシールチェーンでカラーはスチールとなっている

江沼チエン製作所　¥12,144（120リンク）

EK 520LM-X（CR、NP）
耐久性が高くチェーン剛性が向上した、最新のNXリングを採用したシールチェーン。シックな輝きが魅力のシルバーカラーモデル

江沼チエン製作所　¥15,312（120リンク）

EK 520LM-X（GP、GP）
JP250などのレースでも使用できるレース／ストリート共用のシールチェーン。こちらは足元を彩るゴールドカラーモデルだ

江沼チエン製作所　¥15,972（120リンク）

ThreeD LUXE 520L/3D（BK；GP）
精密鍛造加工による3次元形状とブラック＆ゴールドのカラーがカスタム感を刺激。750ccまでのモデルに最適化されている

江沼チエン製作所　¥26,664（120リンク）

ThreeD LUXE 520L/3D（CR；ー）
専用設計の外プレートは最新の精密鍛造加工により強度を落とさず軽量化を実現。カラーは様々なスタイルにマッチするシルバーとなる

江沼チエン製作所　¥22,176（120リンク）

ThreeD LUXE 520L/3D（GP；GP）
独自形状で軽量化と高強度を両立した同シリーズのゴールドモデル。ピンは他カラー同様、頭部に穴を開けた軽量仕様となっている

江沼チエン製作所　¥23,232（120リンク）

RK BL520XRE
ファッション性に優れたブラックチェーン。優れた耐久性を持ち、下地メッキ＋電着塗装コートでサビや腐食にも強い

RK JAPAN　¥19,140（120L）

RK GV520XRE
アフターマーケット品らしいゴールド一色でまとめたチェーン。滑らかにポリッシュされたプレートは鏡面のような輝きを放つ

RK JAPAN　¥19,140（120L）

RK SV520XRE
車両の雰囲気を崩さないシルバーカラーのチェーン。美しい光沢感があり、静かに、しかししっかりとカスタム感を演出してくれる

RK JAPAN　¥15,840（120L）

フロントスプロケット C4313
Vストローム250用のフロントスプロケット。13〜16Tが設定され、変速比のセッティング変更に最適

X.A.M JAPAN　¥4,400

フロントスプロケット C4317
Vストローム250SXに適合するスチール製フロントスプロケット。13Tと14Tの2種類が用意されている

X.A.M JAPAN　¥4,620

アルミスプロケット クラシックゴールド
'80〜'90年代のカスタムバイクブームのイメージで作られたゴールドスプロケット。T数は40〜50を設定する

X.A.M JAPAN　¥11,550/12,100

V-Strom CUSTOM PARTS CATALOG

アルミスプロケット プレミアムカシマコート
自主潤滑機能をもたせた硬質アルマイトを施し、摩擦抵抗を大幅に低減。Vストローム250およびSXに対応。40～50Tあり
X.A.M JAPAN　￥12,650/13,200

タフライトスチールスプロケット
新設計のライトニングホイールにより軽量に仕上げた鉄製スプロケット。特殊メッキで豊かな色合いを持つ。T数は46と47
X.A.M JAPAN　￥10,450

タフライトスチールスプロケットブラック
強靭かつ軽量なタフライトスチールスプロケットのブラックモデル。Vストローム250に対応。46Tと47Tをラインナップ
X.A.M JAPAN　￥12,650

チェーン&スプロケット3点セット
純正歯数、純正リンク数の前後スプロケットとチェーンのセット。リアスプロケットは軽量・高剛性なジュラルミン製とスチール製がある
サンスター　￥19,250～

プレミアムキット
駆動系のリフレッシュに最適なフロントスプロケット、タフライトスチールスプロケット、チェーン（3種あり）のセット。Vストローム250用
X.A.M JAPAN　￥27,146～29,671

ハイパープロ フロントスプリング
コーナー手前のブレーキング時におけるキャスター変化を適正化するスプリング。フォークオイルが付属する。Vストローム250用
アクティブ　￥24,200

ハイパープロ コンビキット
コンスタントライジングレート採用の前後スプリングセット。個別に買うよりお得にハイパープロの性能を楽しめる。Vストローム250用
アクティブ　￥47,300

ハイパープロ　リアスプリング
サスペンションの動きに追従してバネレートが常に変化。柔らか過ぎず硬過ぎない状態を維持してくれる。Vストローム250用
アクティブ　￥26,400

ハイパープロ リアショック エマルジョン HPA付
不等ピッチスプリングが生む性能を100%発揮させるシルキーでスムースな乗り心地のリアショック。Vストローム250用
アクティブ　￥151,800

ハイパープロ　ストリートボックス
日本仕様に設定されたリアショックとフロントスプリング、非売品のオリジナルDVD等を1セットにしたボックス。Vストローム250用
アクティブ　￥167,200

ナイトロン リアショックアブソーバー
250SX用でしなやかでストレスフリーの作動感を実現しつつ荒れた路面で性能を発揮できるよう仕上げた。35mmローダウン仕様あり
ナイトロンジャパン　￥178,200

YSS MZ456 10mmローダウンモデル
伸側減衰力（30段）、車高調整（±5mm）等ができるオールラウンドサスの10mmローダウンモデル。Vストローム250用となる
YSS JAPAN　￥73,700

133

YSS MZ456 MFD コラボモデル
シンプルな外観ながら軽快なライディングに必要な調整機能を装備したMZ456 10mmローダウンモデルをベースに、MFDのレーザー刻印を施したMFD専売モデル。Vストローム250用
MFD　￥72,200

ローダウンキット
シート高で約30mmダウンし、足つき性を向上できる純正サス用エンドアイとショートサイドスタンドのセット。Vストローム250用
MFD　￥25,080

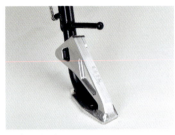

ローダウンキット
ノーマルサスを使いつつローダウンできる250SX用のキットで、20mmダウンと30mmダウンがある。耐食性に優れたステンレス製
ハイブリッド　￥17,050

ローダウンキット用ショートサイドスタンド
同社製ローダウンキットとの併用を想定したショートタイプサイドスタンド。ローダウン時に安心して駐輪できる。250SX用
ハイブリッド　￥13,750

ワイドスタンド SIL
柔らかい地面でスタンドがめり込み転倒するリスクを低減するアルミ製ワイドスタンド。Vストローム250用、シルバーアルマイト仕上げ
オーヴァーレーシングプロジェクツ　￥11,000

ワイドスタンド BLK
純正比約2倍の面積と、先端が約35mm外側に突き出す独自構造で、ノーマルより転倒しにくさをアップ。Vストローム250用
オーヴァーレーシングプロジェクツ　￥11,000

サイドスタンドエクステンダー
砂地などサイドスタンドが埋まり込んでしまう不安定な路面でも安定した駐輪を可能にする、サイドスタンドの接地面積を拡大するパーツ。Vストローム250適合品と250SX適合品がある
ダートフリーク　￥5,390

サイドスタンドワイドプレート＆エクステンション
未舗装地などでサイドスタンドが沈みにくくなるワイドプレートとサイドスタンドの出し入れが楽になるエクステンションを追加した便利なアイテム。Vストローム250用
キジマ　￥12,100

スイングアームエンドプレートセット
スイングアーム後端を彩るアルミ製のエンドプレート。カラーはブルー、レッド、ゴールド、シルバーの4種。Vストローム250両車に適合
エンデュランス　￥5,720

V-Strom CUSTOM PARTS CATALOG

リアスタンドブラケットセット High Line M8
リアスタンドを掛ける時に必要となるブラケットで、スイングアームに取り付ける。肉抜き加工にヨシムラロゴ付きのレーシーなデザインが魅力。レッド、ブルー、スレートグレー、ゴールドの4色あり
ヨシムラジャパン　¥7,480

ZETA ステムナット
アルミ材を切削加工しカラーアルマイトで仕上げたドレスアップ効果の高い一品。色は赤、青、黒あり。Vストローム250適合品あり
ダートフリーク　¥1,760

スイングアーム Type7
80mm×40mmの目の字断面7N01材を使った高剛性なスイングアーム。長さは純正と同じで、ノーマルホイール対応。純正インナーフェンダー取付時は、フェンダーの加工が必要。Vストローム250用
オーヴァーレーシングプロジェクツ　¥113,300

Brake ブレーキ系パーツ

消耗品であるブレーキパッドを中心としたブレーキパーツを紹介する。重要保安部品だけに、取り付けはプロに依頼するのが安心だ。

赤パッド No.101
1984年から愛されるロングセラーパッド。ドライ、ウェット問わず安定した制動力を発揮する。Vストローム250のリアに適合
デイトナ　¥4,400

ハイパーパッド No.019]
コストパフォーマンスと信頼性を両立したベーシックパッド。ストリートユースに必要な性能は充分に確保する。Vストローム250フロント用
デイトナ　¥3,300

ハイパーシンタードパッド No.019
ツーリングや街乗りでの耐久性や快適性を重視した安心の効き味が特徴。Vストローム250のフロント用
デイトナ　¥5,170

赤パッド No.019
コントロール性、信頼性、低ディスク攻撃性に優れた定番パッド。こちらはVストローム250フロント用となる
デイトナ　¥4,400

ゴールデンパッドχ No.019
街乗りからスポーツツーリングまで、素直なコントロール性と制動力を両立したパッド。Vストローム250のフロント用
デイトナ　¥5,610

ゴールデンパッドχ No.101
幅広いシーンに適合する、素直なコントロール性と絶対的な制動力を両立したパッド。No.101はVストローム250のリア用
デイトナ ￥5,610

HG F ブレーキパッド
雨や寒い日でも安定した制動力を発揮するオールマイティなパッドでお手頃価格なのもポイント。Vストローム250のフロント用だ
エンデュランス ￥3,080

HG R ブレーキパッド
セミメタル材を使った純正よりリーズナブルなリアブレーキパッド。安定した性能を発揮する。Vストローム250用
エンデュランス ￥2,200

SBS ブレーキパッド 630HF
Vストローム250のフロント用となるパッドで、扱いやすさと制動力、耐久性を両立したストリート用となる
キタコ ￥3,630

SBS ブレーキパッド 630HS
近年のロードモデル用の標準パッドで、ストリート走行とスポーツ走行を両立したシンターメタル材のパッド。Vストローム250フロント用
キタコ ￥4,620

SBS ブレーキパッド 881HF
セラミック材を使いノーマル同等の制動力に扱い易さと耐久性を両立させた、Vストローム250のリア用パッド
キタコ ￥3,960

SBS ブレーキパッド 881RQ
コントロール性と安定性を目的に開発されたロードレース用パッド。高温時の初期制動、ドライ性能に優れる。Vストローム250のリア用
キタコ ￥6,050

NISSIN プレミアムパッド A0022
制動力だけでなくコントロール性も高くツーリングやストリートでの使用を想定したパッド。Vストローム250のフロント用
日立Astmoアフターマーケットジャパン ￥3,630

CL BRAKES CL1250-RX3
街乗りからサーキットまで対応できる強い制動力とリニアなコントロール性が特徴のリア用ブレーキパッド。Vストローム250用
X.A.M JAPAN ￥7,150

CL BRAKES CL1258
CL1258は250SXのフロント用ブレーキパッドで、価格と性能のバランスが良いA3+とストリート用最高峰のXBK5の2種がある
X.A.M JAPAN ￥7,510/8,250

CL BRAKES CL2256
Vストローム 250フロント用で、スタンダードのA3+、エコノミーのS4、スーパースポーツのXBK5、レーシングのC60が設定される
X.A.M JAPAN ￥4,950〜14,500

CL BRAKES CL2353
250SXのリア用となるこのブレーキパッドは、コスパに優れたS4と性能と制動力とコントロール性に優れたRX3をラインナップする
X.A.M JAPAN ￥5,280/7,150

V-Strom CUSTOM PARTS CATALOG

BUILD A LINE ステンレスメッシュホース
カシメ結合採用など確かな性能と安全性を持つグッドリッジ社製ブレーキホース。Vストローム250のフロント用とリア用がある
アクティブ　¥8,470～30,910

AC-PERFORMANCELINE ステンレスメッシュホース
アクティブオリジナルのブレーキホースで、ブルー／レッド、メッキ、ブラック／ゴールドの各色あり。Vストローム250の前用、後用あり
アクティブ　¥6,600～18,150

フロントブレーキレバーロッカー
傾斜路面での駐輪等に役立つフロントブレーキをかけた状態でロックできるアイテム。取付容易で持ち運びも簡単。ブラックもあり
P&Aインターナショナル　¥2,860

マスターシリンダーキャップ HG
切削加工とアルマイト加工を交互に二度行なうことで2色アルマイトを実現。Vストローム250のフロントに適合する
エンデュランス　¥4,180

マスターシリンダーキャップ HG
250SXのフロント用となるマスターシリンダーキャップ。2色アルマイトでハンドル周りを上質に彩ってくれる
エンデュランス　¥4,180

スズキ系 汎用 マスターシリンダーキャップ HG
ブルー、レッド、ゴールド、シルバーの4カラーが揃う、Vストローム250用フロントマスターシリンダーキャップ
エンデュランス　¥4,180

Step ステップ
ハンドルと共に操作の基点となるステップ。交換することでフィーリングとスタイルを一新することができる。じっくり選んでいこう。

ステップバー（ライダー側）
エッジが効いたマシニング加工により靴底が滑らずライダーをサポート。ステップ長は72mmでブラックとシルバーあり。Vストローム250用
アクティブ　¥9,900

PREMIUM ZONE ライダー側ステップセット PZR-01
丁寧な切削加工により生まれたブラック&アッシュシルバーのバーに2色のリングでより存在感を生み出したステップ。Vストローム250に適合
デイトナ　¥18,480

PREMIUM ZONE パッセンジャー側ステップセット PZR-06
Vストローム250に適合するパッセンジャー側ステップで、ワンポイントとなるリングはレッドとオレンジが付属。リング無し仕様を含め3つのバリエーションが楽しめる
デイトナ　¥18,480

汎用 ステップバーセット
ブラックベースにブルー、レッド、ゴールド、シルバー、グリーンの2ポイントを加えたステップバー。要別売ステップホルダーセット。
エンデュランス　¥6,930

汎用 ステップバーセット
ブルー、レッド、ゴールド、シルバー、ブラックの5色から選べるステップ長90mm、外径28mmの削り出しステップバー。取り付けには別売のステップホルダーセットが必要となる
エンデュランス　¥4,950

汎用 ショートステップバーセット
コンパクトな長さ70mmのショートステップバーの左右セット。全5カラーから選べる。取り付けには別売のステップホルダーセットが必要だ
エンデュランス　¥4,950

汎用 ショートステップバーセット
5つの差し色が選べるブラックのショートステップバー。滑りにくいローレット加工がされる。要別売ステップホルダーセット
エンデュランス　¥6,930

汎用 アジャスタブルステッププレートセット
右のステップホルダーと組み合わせることで、ポジションを最大12通りに変更できるようにするアイテム。位置変更も簡単にできる
エンデュランス　¥4,180

汎用 ステップホルダーセット ホンダ系
同社製ステップバーセットをVストローム250に取り付けるためのホルダー。アルミ製アルマイト仕上げ。ブラックもあり
エンデュランス　¥4,840

V-Strom CUSTOM PARTS CATALOG

タンデムステップホルダーセット スズキ系
同社製のステップバーセットをVストローム250のタンデムステップに取り付けるためのホルダー。シルバーも設定される
エンデュランス　¥4,840

組み合わせアジャスタブルステップバーキット
最大12通りで位置調整ができるステップキット。ステップ長は2種、バーカラーは10種、ホルダーカラーは2種あり。Vストローム250用
エンデュランス　¥13,970/15,950

組み合わせステップバーキット
Vストローム250用のステップキットで、ステップバーの色は10タイプ、ステップ長は90mmだがショートタイプ(70mm)もある
エンデュランス　¥9,790/11,770

組み合わせタンデムステップバーキット
ステップ長90mmのバーを使ったVストローム250用タンデムステップ。バーの色は計10色あり、長さ70mmのショートもある
エンデュランス　¥9,790/11,770

汎用 アジャスタブルステップバーセット
存在感あるアルミ削り出しバーを使ったステップキット。可倒式で12通りで位置調整が可能。Vストローム250用
エンデュランス　¥11,000

Engine
エンジン関係パーツ

エンジンに関係するメンテナンスパーツやドレスアップパーツを紹介する。性能に影響するので、取り付けは確実にしておきたい。

DNA モトフィルター
より高い吸入効率、高品質、長寿命をコンセプトに開発されたハイパフォーマンスフィルター。Vストローム250用
アクティブ　¥9,350

リプレイスメントエアフィルター
高度な濾過性能と高い吸入効率を誇るK&N製フィルター。非売品のヨシムラK&Nステッカー付属。Vストローム250用
ヨシムラジャパン　¥13,090

マグネティックドレンボルト
先端部に強力磁石を圧入しオイル内の鉄粉を採取。カラーはレッドとブルーから選べる。Vストローム250に適合するサイズあり
ダートフリーク　¥1,089

アルミドレンボルト
軽量高強度アルミ合金で作られたドレンボルト。ワイヤーロック用の穴加工済みで鉄粉を吸着するマグネットも装備。Vストローム250用
キタコ　¥1,650

オイルフィルターカートリッジ
オイル内の鉄粉を吸着するマグネット入りのオイルフィルター。愛車の状態を維持するため定期的に交換したい。Vストローム250用
キジマ　¥1,980

139

オイル交換フルSET
オイル交換時に便利なオイルフィルター、フィラーキャップOリング、ドレンワッシャーのセット。Vストローム250用
キタコ　¥1,760

オイルエレメント
6,000kmごと、またはオイル交換2回に1回は交換したいオイルエレメント。高品質で安心して使える。Vストローム250に適合する
キタコ　¥1,320

オイルフィラーキャップ
切削加工とアルマイト加工を交互に2度行なうことで2色のカラーアルマイトを実現。青、赤、金、銀の4カラー。Oリング付属
エンデュランス　¥3,300

  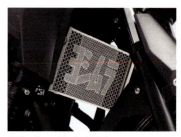

オイルフィラーキャップ Type-FA
レッド、ブルー、スレートグレー、ゴールドから選べるアルミ削り出しのオイルフィラーキャップ。ワイヤリングホール加工済み
ヨシムラジャパン　¥4,400

サービスホールプラグ
純正と交換することでエンジンにカスタム感をプラスするだけでなく作業効率も向上。Vストローム250適合でカラーはブラック
ヨシムラジャパン　¥3,190

ラジエターコアプロテクター
ヘキサゴナル(亀甲)メッシュパターンを採用したステンレス製のプロテクター。小石によるダメージを最小限に抑える。Vストローム250用
ヨシムラジャパン　¥19,800

Other　その他

最後にこれまでの分類に当てはまらないアイテムを紹介する。機能や使い勝手を向上するものが多数あるので、見逃しは厳禁だ。

パフォーマンスダンパー
共振を抑えて乗り心地、ハンドリングを向上することで、特にツーリングで効果を発揮する車体制振ダンパー。フレームに専用ステーを使いマウントする。Vストローム250用
アクティブ　¥38,500

ヘルメットホルダー
左タンデムステップホルダーと共締めで取り付けるVストローム250用のヘルメットロック。ヘルメットの固定がスムーズにできる。同社製サイドバッグサポートとの同時装着不可
デイトナ　¥3,850

ヘルメットホルダーキット
マスターシリンダーと共締めして取り付けるヘルメットホルダー。車体を加工することなく取付可能。250SX対応
エンデュランス　¥3,850

V-Strom CUSTOM PARTS CATALOG

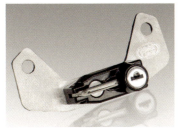

ヘルメットロック ソリッド
250SXに適合するヘルメットロック。ヘルメットをぶら下げずに保管ができ、雨や埃、虫の侵入が予防できる
ハイブリッド　¥3,740

ヘルメットロック
外出先で手軽にヘルメットをロックできるアイテムで、左側タンデムステップ部に取り付ける。スチール製ブラック仕上げで、Vストローム250に対応する
キジマ　¥3,740

ヘルメットロック
Vストローム250SX用に開発されたヘルメットロックで左リアカウル下側に取り付ける。スチール製ブラック仕上げ
キジマ　¥4,950

ヘルメットホルダー
タンデムステップ部に取り付けるVストローム250用のヘルメットホルダー。日常の使い勝手を向上してくれる。プレートは鉄製でブラック仕上げとなる。キー2個付属
キタコ　¥3,300

ヘルメットロック
ナンバープレート固定用ボルトを使い装着するヘルメットロック。荷掛けポイントも有り使い勝手が大きく向上するアイテム
キジマ　¥5,500

かんたん！電源取出しハーネス
各種アクセサリーへの給電に便利な電源取り出しハーネスでシート下に設置する。Vストローム250に対応する
デイトナ　¥1,815

かんたん！電源取出しハーネス
ヘッドライトケース内にあるカプラーに接続し、アクセサリー電源のプラスとマイナスを取り出すVストローム250用ハーネス
デイトナ　¥1,760

汎用 アクセサリー電源接続キット + サブハーネス
キーONに連動した3つのアクセサリー電源を簡単に取り出しできる汎用アイテム。定格出力は7.5A×2、5A×1の合計20A
エンデュランス　¥3,080

USBチャージャー シガーソケット⇒USB変換アダプター
Vストローム250に標準装備のシガーソケットに差し込むUSB変換アダプター。出力は5V2.1Aとなっている
キジマ　¥1,760

USB ポートキット
純正では最新スマホに充電できないことがある250SXのUSB2Aポートを5V4Aのツインポートに変えるキット
キジマ　¥5,500

LEDフォグランプキット
夜間走行時に安心感をもたらしてくれるVストローム250用LEDフォグランプキット。ホワイト発光とイエロー発光がある
キジマ　¥57,200/61,600

LEDフォグランプキット
前方を効果的に照らし夜間走行時の安心感を増してくれるフォグランプのキット。ホワイト発光とイエロー発光あり、250SX用
キジマ　¥未定

TRL2 LEDウインカーランプ KIT
純正フロントウインカーを外した箇所にスッキリ収められる1台分のウインカーキット。ICウインカーリレー付属。Vストローム250用
キジマ　¥19,800

TRL2 LED ウインカーランプ KIT
スリムなTRL2 LEDウインカーを使ったボルトオンキット。250SX用でウインカー、マウントベース、ウインカーリレー、延長配線が付属
キジマ　¥20,900

Wunderlich AirTag ケースセット
アップルのAirTagをマウントするケースのセット。フレームなどのパイプに取り付けできるケースと、シート下など任意の位置に設置できるケースの2つを同梱。ケースは防水仕様となっている
P&A インターナショナル　¥3,080

イージーパークスタンド バイクドーリー
センタースタンドをかけたまま車両を自由に移動できるスタンド。使用時に多くの力を必要としないのもポイント
P&A インターナショナル　¥53,900

フロントホイールスタンド
スタンドに向かって車両を進めるだけで理想的な直立状態で車体を固定するスタンド。対応タイヤサイズは15〜19インチ、幅90〜130mm
P&A インターナショナル　¥46,200

V-Strom CUSTOM PARTS CATALOG

後輪固定ベルト「ラッシングシステム」
テンションベルトを後輪に被せて固定するバイク輸送用の画期的なアイテム。手持ちのベルトを使えるテンションベルトのみでの購入も可能（¥17,270）

P&A インターナショナル　¥25,850

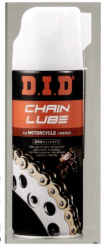

D.I.D チェーンクリーナー
高い洗浄力を持つシールチェーン対応のクリーナー。遅乾性なのでじっくり作業が行なえる。トップクラスのレースチームでも採用された安心の品だ

大同工業
¥1,485

D.I.D チェーンルブ
熱に反応して自己潤滑被膜を形成する有機モリブデン配合のクリア・ウェットタイプのチェーンルブ。シールチェーン対応

大同工業
¥2,310

固定ベルト「Premium Deluxe Duo」
バイク輸送時の固定に便利なベルト。バイクへの負担を最小にするため、使用する素材やパーツを最適化している

P&A インターナショナル　¥17,820

Maker list

RK JAPAN	https://mc.rk-japan.co.jp
アクティブ	http://www.acv.co.jp/00_index/index.html
旭精器製作所	https://www.af-asahi.co.jp
MFD	https://dockers.co.jp
江沼チエン製作所	http://www.enuma.co.jp
エンデュランス	https://endurance-parts.com/
オーヴァーレーシングプロジェクツ	https://www.over.co.jp
キジマ	https://www.tk-kijima.co.jp/
キタコ	https://www.kitaco.co.jp
サンスター（国美コマース）	https://www.sunstar-kc.jp
X.A.M JAPAN	https://www.xam-japan.co.jp
スペシャルパーツ忠男	https://www.sptadao.co.jp
ダートフリーク	https://www.dirtfreak.co.jp/moto/
大同工業	https://didmc.com/productinfo/
デイトナ	https://www.daytona.co.jp/
ナイトロンジャパン	https://www.nitron.jp/
ハイブリッド	https://www.hybrid-suzuki.co.jp/
P&Aインターナショナル	https://www.peitzmeier.jp
日立Astemoアフターマーケットジャパン	https://aftermarket.hitachiastemo.com/japan/ja/
ヨシムラジャパン	https://www.yoshimura-jp.com/
ラフアンドロード	https://rough-and-road.co.jp
ワールドウォーク	https://world-walk.com
YSS JAPAN	https://www.win-pmc.com/yss/

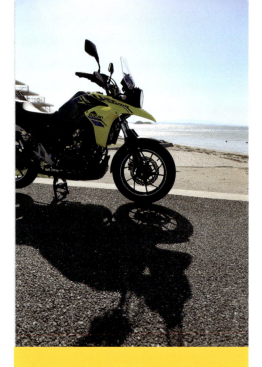

SUZUKI V-Strom250 CUSTOM & MAINTENANCE

スズキ Vストローム250 カスタム&メンテナンス

2024年11月25日 発行

STAFF

PUBLISHER
高橋清子　Kiyoko Takahashi

EDITOR, WRITER & PHOTOGRAPHER
佐久間則夫　Norio Sakuma

DESIGNER
小島進也　Shinya Kojima

PHOTOGRAPHER
柴田雅人　Masato Shibata

ADVERTISING STAFF
西下聡一郎　Soichiro Nishishita

PRINTING
中央精版印刷株式会社

PLANNING, EDITORIAL & PUBLISHING
(株)スタジオ タック クリエイティブ
〒151-0051 東京都渋谷区千駄ヶ谷3-23-10　若松ビル2F
STUDIO TAC CREATIVE CO.,LTD.
2F, 3-23-10, SENDAGAYA SHIBUYA-KU, TOKYO 151-0051 JAPAN
[企画・編集・デザイン・広告進行]
Telephone 03-5474-6200　Facsimile 03-5474-6202
[販売・営業]
Telephone 03-5474-6213　Facsimile 03-5474-6202

URL https://www.studio-tac.jp
E-mail stc@fd5.so-net.ne.jp

警　告

■ この本は、習熟者の知識や作業、技術をもとに、編集時に読者に役立つと判断した内容を記事として再構成し掲載しています。そのため、あらゆる人が作業を成功させることを保証するものではありません。よって、出版する当社、株式会社スタジオ タック クリエイティブ、および取材先各社では作業の結果や安全性を一切保証できません。また作業により、物的損害や傷害の可能性があります。その作業上において発生した物的損害や傷害について、当社では一切の責任を負いかねます。すべての作業におけるリスクは、作業を行なうご本人に負っていただくことになりますので、充分にご注意ください。

■ 使用する物に改変を加えたり、使用説明書等と異なる使い方をした場合には不具合が生じ、事故等の原因になることも考えられます。メーカーが推奨していない使用方法を行なった場合、保証やPL法の対象外になります。

■ 本書は、2024年8月30日までの情報で編集されています。そのため、本書で掲載している商品やサービスの名称、仕様、価格などは、製造メーカーや小売店などにより、予告無く変更される可能性がありますので、充分にご注意ください。

■ 写真や内容が一部実物と異なる場合があります。

STUDIO TAC CREATIVE
(株)スタジオ タック クリエイティブ
©STUDIO TAC CREATIVE 2024 Printed in JAPAN

● 本書の無断転載を禁じます。
● 乱丁、落丁はお取り替えいたします。
● 定価は表紙に表示してあります。

ISBN978-4-86800-010-5